锦绣罗裙

——传世马面裙鉴赏图录

周锦 著

中国纺织出版社有限公司

内 容 提 要

本书聚焦中华服饰历史体系中极具艺术特色与价值代表的品类——马面裙，向上推溯其起源，向下发散其美学，以求立体、完整地呈现马面裙之美。

书中展示了125件精美的马面裙，通过整理与归纳，将其形制、色彩、纹样、装饰及工艺等特征逐件记录分析，引导读者了解民间传统造物理念与审美。最后对马面裙的设计理念、裁片组合进行分解论述，完成由形到意的充分解读。

本书可为传统服饰研究者及设计工作者提供参考与对照。

图书在版编目（CIP）数据

锦绣罗裙：传世马面裙鉴赏图录 / 周锦著. --北京：中国纺织出版社有限公司，2023.3（2023.12重印）
ISBN 978-7-5229-0325-5

Ⅰ.①锦… Ⅱ.①周… Ⅲ.①女服—裙子—鉴赏—中国—古代—图录 Ⅳ.①TS941.742.8-64

中国国家版本馆CIP数据核字（2023）第014894号

JINXIU LUOQUN: CHUANSHI MAMIANQUN JIANSHANG TULU

责任编辑：亢莹莹　魏　萌　　责任校对：楼旭红
责任印制：王艳丽

中国纺织出版社有限公司出版发行
地址：北京市朝阳区百子湾东里A407号楼　邮政编码：100124
销售电话：010－67004422　传真：010－87155801
http://www.c-textilep.com
中国纺织出版社天猫旗舰店
官方微博 http://weibo.com/2119887771
北京华联印刷有限公司印刷　各地新华书店经销
2023年3月第1版　2023年12月第2次印刷
开本：889×1194　1/16　印张：17
字数：236千字　定价：168.00元

前言

一马当先，向阳一片

小时候，因为个子高，总买不到合适的衣服。记得14岁那年，大姐到上海出差，给我买了一件最大号的夹克，虽然喜欢，但总感觉不是自己的衣服。上初中时，我经常到书店里看书，忽然有一天看到一本来自日本的服装原型裁剪书，我就照猫画虎裁剪出了第一套服装——一件五四青年学生装和一条百褶裙。裁剪完成后，找到了本家的嫂子，她帮我一起缝起来，穿到身上还有模有样。或许是父母家教严的原因，幼时的我无论立、坐、行总是规规矩矩。穿着中式服装的我走到街上不仅丝毫没有违和感，还常常赢得街坊们的夸奖。现在回想起来，画面感依然十足。

工作后，偶然在西安的一家古董店见到一件美丽的花裙子，上面绣着鲜艳而雅致的花朵，这件裙子竟让我流连忘返。后来，但凡遇到心仪的古董服饰，总要想办法买下来，否则就寝食难安。久而久之，买得多了，就有了一种冲动，要把古董服饰的制作及绣花工艺应用到自己的服饰设计中去。时光荏苒，我专业从事服装设计与生产已有几十年了。

在这期间，我的收藏品给予了我太多的创意和灵感——或受其砥砺，或崇其芳慧，或慕其旨趣……尤其当我细观一些丝绸、织锦藏品时，那些洋溢着中和之美、各得其馨的华夏设计之美，让我体会到了中华服饰的精妙！作为一名中国服装设计师，我有一种体道传芳的使命感。

于是，我遍访名师，努力地学习传统文化，并且创办了德锦书院，陆续感受到了种种不可思议的善缘！

2019年10月，为纪念母亲去世一周年，一并告慰父母的在天之灵。我第一次以“时色”为主题，根据典籍复刻设计出中国最早的周代的锦（坊间称为“鲁锦”），登上了中国国际时装周的舞台，并获得了广泛好评——新华社的相关报道在2小时内点击量就突破了百万！这次时装秀的成功，深深地激励了我——一定要让华服文化、华服美学、华服设计走向国际。

2020年，我将自己丰富的藏品（衣、裙、锦、绣、饰品、少数民族服装）做了分类整理，它们一下子就焕然起来！并且，还举办了天德、高手、德星、尚方等品牌发布会，在中国国际时装周大放异彩，得到了国内外300余家媒体的报道，我的设计被英国《每日电讯报》评为“2020年5月3日全球最美图片”，同时被路透社、《泰晤士报》等誉为新冠肺炎疫情后引领时尚的人物。我也因此有幸成为“中国十佳设计师”之一及意大利金顶奖的获得者。但我深知，这些成绩的出现，都是中华文化的魅力所致！

2021年11月，我受邀为孔子博物馆设计制作工装，采用了传统马面裙的基本形制，整体造型体现了时代感。当宣讲员穿到身上讲解时，我仿佛看到了新一代“贤媛”的出现——她们行走在博物馆里，知性而优雅，灵动而端庄，不仅修身，还弥补了体型的不足，几乎是胖瘦咸宜的服饰。

2022年5月，某西方服饰品牌抄袭“马面裙”事件引起了网友的愤怒，自己也颇有触动：“你弃之若敝履，他待之若珠玉”，我们对祖先们的服饰文化研究与应用重视得太不够了！是该考虑怎样向海外展示中国华服之美了。于是，我在公司仓库细细翻找，竟发现自己藏有近两百件清代的马面裙！当我把这些马面裙一一整理时，才发现马面裙之美足以影响世界的服饰设计。经过精心整理，我最后选出一百多条不同面料、刺绣图案及制作技艺的马面裙，博物馆的朋友介绍的专业古董摄影师精心地拍摄了一周。摄影师在拍摄时赞不绝口：“太美了！太美了！不出书就可惜了。”这句话一下子就击中了我的内心。在这一刻，我下定决心要将其付梓。

这一年，我全身心地策划华服大赛，到各地去演讲，并为《2023年的华服流行趋势》征稿，遍访了中国的锦绣工艺大师，讲解传播中华文化。为了让我们年轻的服装设计师和学子们了解马面裙的中华文化之精粹和精美的工艺，不断挑战自己，写写画画整整一年的时间，不知道度过了多少个不眠之夜。查阅《易经》《诗经》《尚书》《仪礼》《春秋》《左传》《孟子》《论语》等古籍资料，终于明白马面裙其实是中华礼仪服饰重要的一个形制，不仅方便女性穿着，前后两面打开的裙门，更能很好地约束女性的站、坐、立、行。马面裙的绣花纹样具有吉祥之意，与中华民族祈福文化是相符的。它让穿着者每天都畅享在花海与祝福中，这或许就是人们对美好生活的无限向往吧。

再看看马面裙的围栏,《礼记·深衣》中“深衣第三十九”郑玄注:“名曰深衣者，谓连衣裳而纯之以采也。”《礼记·深衣》孔氏正义曰：“所以称深衣者，以余服则上衣下裳不相连，此深衣衣裳相连，被体深邃，故谓之深衣。”通俗地说，围栏就是上衣和下裳相连在一起，用不同色彩的布料作为边缘（称为“衣缘”或者“纯”），其特点是使身体深藏不露，雍容典雅。马面裙的围栏与围栏之间绣着不同的花，又暗合了单边的12个围栏，与12地支暗通款曲；左右两边相加共有24个围栏，又呼应了中国的二十四节气，并且24个围栏里边的花皆不相同，与每个节气月令之花虚实相映，完全践行了“天人合一”的理念，令人啧啧称奇。

而更有趣的是，我不经意间所翻出的不同年代的马面裙，居然有的是左右各5个围栏的裙子，并且这10围栏中的花又各不相同，5个代表着五行，10个代表着十天干……每每这时，我就会想起我的恩师——独立学者、十翼书院创始人米鸿宾山长在其著作《名词中国》中所说的话：“中国文化是顺时施宜、与时偕行的智慧——人们耳熟能详的‘时尚’一词，由来已久。明代嘉靖年间书法家丰坊在其《书诀》中便写道：‘永、宣之后，人趋时尚，于是效宋仲温、宋昌裔……王履吉者，靡然成风。’可见，时尚就是流行的产物。可对于‘流行’一词而言，‘流’的是什么‘行’呢？就是流动的五行！其所对应的势能展现，就是一时的鲜亮之所在。”并且，还深入阐述道：“明代五德为火德，其色为赤（红），十二地支中，午马的地支对应为火，因此，色彩中的红色以及与‘马’有关的设计艺术广泛流行。明代除了弘治癸亥年（1503年）时任徽州知府何歆确立了中国古建筑八大经典元素中的‘马头墙’之外，还有明代宦官刘若愚（1584年生人）在其《酌中志》中所记载的服饰‘马面褶’裙的兴起。”

每每回想起这些激荡人心、开启智慧的话语，一件件浮现眼前的马面裙都令我赞叹不已，也更加由衷地钦佩古人的智慧。在此，我也非常感谢米鸿宾老师对我历次发布会的色彩定调与文案指导，能令人于盈盈趣趣之中，胸罗星斗与坐拥豪情！

就这样，在这多元的经历与各位老师的激励下，我不断地将汲取到的、映入身心的精致与伟岸、深厚与风雅、澎湃与恢弘……点点滴滴汇诸笔端，并矢志不渝地传承下去，携手爱好设计的同仁们，共同联芳续焰、顺时呈祥，设计出更符合时代生活方式的时尚华服，让世界更加了解中国文化，了解中华女性的礼仪与智慧。

最后，感谢中国艺术研究院李宏复研究员、江南大学牛犁教授的学术指导，感谢谢大勇老师的资料支持，感谢中国纺织出版社有限公司编辑老师们的不断鼓励，在此一并深谢。愿本书所有的读者们从中获致芬芳，美美与共！

2022年12月

目录

001 第 1 章 马面裙的发展历史

015 第 2 章 裙曳湘罗漾曲尘——阑干马面裙篇

137 第 3 章 五铢细熨湘纹褶——褶裥马面裙篇

181 第 4 章 舞裙香暖金泥凤——盘金马面裙篇

205 第 5 章 浅深颜色随浓淡——月华马面裙篇

219 第6章 不减风流赋洛神——常规及改良马面裙篇

255 第7章 马面裙的制作工艺解析——以清末大红色蓝边缎面蝶恋花阑干马面裙为例

锦绣罗裙——传世马面裙鉴赏图录

第1章 马面裙的发展历史

裙子在我国的历史可谓源远流长。随着社会发展，人类开始懂得利用树叶等植物制作成服装，并逐渐形成了裙装这一古老的服饰形式。远古时代，先民们为抵御寒冷，用树叶或者兽皮相连，就形成裙子原本的样子。到了夏朝，由于服饰制度发生了变化，才开始有了裙装。据汉末刘熙《释名 · 释衣服》载：“裙，群也，连接群幅也。”即在兽皮上连接许多小片树叶。相传在四千多年前，黄帝即设上衣下裳制，规定了不同地位的人所着衣裳亦不一。那时的“裳”即裙子。

1.1 先秦襦裙至宋元旋裙

夏商周时期中原华夏族的衣着是上衣下裳，束发右衽。河南安阳出土石雕奴隶主像（图1–1），头戴扁帽，一袭右衽交领衣，下身着裙、腰束大带，扎裹腿，穿翘尖鞋。它基本上反映了那个时代的服饰状况。

春秋战国之际，周室衰微，礼崩乐坏，诸侯国变法竞雄，主张耕织。富商大贾的城市手工业作坊和官营作坊共存，农村男耕女织，初步形成了封建经济格局，市民阶层应运而生，上衣下裳在造型上也更加趋向日常化、生活化。河北平山战国时期中山王墓出土的小玉人（图1–2），上半身穿一件小袖短上衣，下裙印格子花纹，裙腰的部位在中腰处，无蔽膝，它和后世襦裙形制极为相近。

图 1–1　石雕奴隶主像

图 1–2　河北平山战国中山王墓出土的小玉人

秦在公元前221年统一六国，吸收其他国家文化，创造出一种新型服饰制度，对于后世有着重要的影响。汉继承秦制，也有革新。总的来看，妇女主要穿襦裙。汉代裙子的样式也是多种多样，《飞燕外传》记载，飞燕着南越进贡的云英紫裙之后，后宫都仿效其裙带褶的留仙裙。后汉繁钦《定情诗》载："何以答欢欣，纨素三条裙……"而图1-3所示女婢陶俑出土于重庆化龙桥，身着交领襦裙的三件女婢陶俑也证实了襦裙在汉代的真实存在。

图 1-3　重庆化龙桥东汉墓出土的女婢陶俑

南北朝时期裙子亦颇具特色，其中最为显著的特征就是裙子上的装饰显著增加，唐代陆龟蒙曾写过一篇《记锦裾》，对他所见到的南北朝时期的一条锦裙倍加叹服，细致而生动地描述："李君乃出古锦裾一幅示余：长四尺，下广上狭，下阔六寸，上减下三寸半，皆周尺如直，其前则左有鹤二十，势若飞起，率曲折一胫，口中衔莩花？背有一鹦鹉，耸肩舒尾，数与鹤相等。二禽大小不类，而隔又花卉均布无余地。界道四向，五色间杂，道上累细细点缀，其中微云琐结，互以相带，有若驳霞残虹，流烟堕雾，春草夹径，远山截空，坏墙古苔，石泓秋水，印丹浸漏，粉蝶涂染，盭缅环佩，云隐涯岸，浓淡霏拂，霭抑冥密，始如不可辨别。及谛视之：条斩绝，分画一一有去处，非绣非绘，缜致柔美，又不可状也。纵非齐梁物，亦不下三百年矣。"东晋画家顾恺之的名作《女史箴图》（图1-4）中可以清晰地看到梳妆女婢穿着上俭下丰的襦裙。

图 1–4　东晋画家顾恺之画作《女史箴图》

隋代女子裙子样式，基本上继承了南北朝时期的样式，下长曳的长裙，隋代尤为妇女所喜爱（图1–5），间色裙在此期间仍被女性使用，然而，间色之道数却在增加，间道亦较狭，全裙常剖12间，俗称“十二破”，破为“剖”。唐刘存《事始》中即有“炀帝作长裙，十二破，名‘仙裙’”的记载。

图 1–5　敦煌壁画隋朝贵族妇女及女婢

唐代可以说是我国古代传统襦裙艺术发展的一个高峰，其轮廓整体经历了一个从初唐窄小合身向盛唐飘逸宽博的演变过程。如图1-6所示为陕西省乾县永泰公主墓所出土初唐妇女壁画，可见高腰襦裙外罩半臂或披帛穿法。这类新衣是唐初的普遍性服装，开元时期至天宝时期，仍流行穿着，自元和中兴以后，这一风尚发生了很大的改变，开始渐减。

图 1-6　陕西乾县永泰公主墓出土的初唐妇女壁画

步入盛唐（713—766年）后，社会对于女性的审美要求从前代的以瘦为美转变为截然不同的以肥为美，由此女性服装风格也发生了巨大变革，崇尚夸张、奢华、大胆、开放的宽博之风，流行大髻宽衣，衣领较前代有变大、变深的趋势。如图1-7所示的唐代画家张萱《捣练图》中大量描绘了妇人们纷纷穿着衣袖肥大、裙长曳地的齐胸襦裙外搭质地柔软、轻薄的披帛时的不同形态。

至中唐时期，汉民族华夷意识日益强化，在常用衣裳上相应地增加了一些全新的审美特色。襦裙向更宽、更博、更长发展。袖子宽4尺多，领口尺寸比盛唐时期小，U形领在使用上也在逐步下降。唐代妇女在衣着方面的变化体现出女性地位的提高和对美的追求。这一时期裙幅已不限

图 1-7　唐代画家张萱的《捣练图》

于之前的五幅裙，中唐诗人李群玉描写“裙拖六幅湘江水”的六幅裙流传甚广，孙光宪也有“六幅罗裙窣地，微行曳碧波”。

唐代女性穿着裙装时最重要的一个问题就是收腹。裙幅可无限制增加，但人的腰围却是恒定的。因为唐代服装裁剪技术已经非常成熟了，所以即使在这样宽松的状态下仍然能够将腰部完全包裹住。所以，唯有加入褶裥，才可以实现收拢裙腰。另外，因为褶子在形成时需要一定的厚度，所以褶子必须越厚越好。因裙幅增大，使裙面与衣身之间形成了一个空隙。这样褶袍随着裙幅变大而增加，此后兴起的百褶裙，实际上也是在这个基础上演变而来的。裙不但幅宽增大，裙长也增加很多，一般需要曳出约4～5寸。初唐诗人孟浩然的《春情》，用“扫”字意象勾画了女子裙长曳地之姿：“行即裙裾扫落梅。”卢照邻在诗歌里还有“长裙随风管”这样一句名言。中唐之后，裙幅之宽已达朝廷必须对妇女裙制作出严格规定的程度。

至五代后期，襦裙的审美回归到了紧窄纤细的状态、婉约内敛之风。如图1-8所示，顾闳中《韩熙载夜宴图》充分体现了该时期的服饰特点。画面上的女子穿着窄袖短襦，曳地长裙，裙上的图案细碎，接近薄的小花锦，这是因为这个时期南方出产丝绸花纹。腰上通常紧束带；披帛的长度显著增加，但是比唐代窄。

由于宋代强调“存天理，灭人欲”的观念，使人的个体对立性全部抑制了，对妇女的约束也推到了极点，所以宋代女装拘谨、保守，色彩淡雅恬静。元代妇女仍保持宋代的服制，下裳穿多褶裙。襦和裙的搭配在宋代仍然流行，彼时裙兴千褶、百叠，腰间系以绸带，在裙子中间的飘带上常挂有一个玉制的圆环饰物——玉环绶，用来压住裙幅，使裙子在人体运动时不至于随风飘舞而失优雅庄重之仪。如图1-9所示的《女孝经图》描绘的正是宋代妃嫔身着穿高腰碎花长裙，用细带系扎。

尽管宋代衣裳在总体上倾向于简朴清丽，普通女性裙装则更显朴素雅致，但是，有些贵族女性却从来不缺少漂亮衣裙作为点缀，其中最具代表性的是华贵的销金衣裙，李清照有《蝶恋花》词云“泪融残粉花钿

图 1-8　南唐顾闳中《韩熙载夜宴图》局部

图 1-9　《女孝经图》

重，乍试夹衫金缕缝”，大概也就是描述这种华服的意思。此外，一种“合欢掩裙”在劳动阶层中也很受欢迎，独特裆裤外面覆盖掩裙衣式，以挡住裆部，这种经济漂亮的合欢掩裙，受到劳动女子的喜爱，并由此在上层阶级中盛行。

从当前的数据来看，马面裙的雏形起源于宋代的旋裙，也就是两片式的围合裙。最重大的改变是由原来一片式围合变成两片式围合。虽然宋代之前，妇女往往有把两条裙子叠起来穿的习惯，但均为两裙各自围。真正打破了一片式围合裙子的传统模式，创新了两片式（也就是裙腰连接裙摆分离式的）环绕裙子，清楚地记录为宋代旋裙。孟晖在《开衩之裙》中道:“此类宋裙乃是由两片面积相等，彼此独立的裙裾合成，做裙时，两扇裙片被部分地叠合在一起，再缝连到裙腰上。”宋代旋裙的发明一开始就是妇女们为骑驴之便，而该裙形制款式在南宋女性群体中得到广泛应用。考古实物所见之最早个案，当推黄昇墓中出土之两片裙，如图1–10所示。

图 1–10　牡丹花纹罗旋裙（福建福州黄昇墓出土实物）

旋裙与马面裙基本造型相同，就是裙片交叠的地方比较宽大，且无前后裙门、两侧对称褶裥，造型精致。它是马面裙的前身，马面裙在旋裙基础上得到了传承与发展。

元代襦裙已然不是妇女最常用衣裳，但却依旧零星存在着。元代襦裙基本上沿袭宋代遗制，但作为统治阶层的蒙古族自身长期逐水草而迁徙的生活方式，使服装具有十分明显的民族特色。

1.2　明清至民初马面裙

发展到明代，旋裙在款式结构上又得到新的发展和改变，采用两片式四裙门形制共腰，与宋代旋裙比较，明代马面裙两部分重叠裙门（马面）结构，可自由离合[1]，以明宪宗朱见深成化二十一年（1485年）所题《明宪宗元宵行乐图》为例证，如图1-11所示，画面中，后妃宫女们均身穿典型马面裙，表明1485年前马面裙形态趋于成熟。

图1-11　《明宪宗元宵行乐图》中身着马面裙的嫔妃与宫女（中国国家博物馆藏）

“马面”一词首见于明刘若愚《酌中志》：“其制后襟不断，而两旁有摆，前襟两截，而下有马面褶，从两旁起。”为明代流行服饰“曳撒”的一种。马面裙最早起源于明朝，在清朝得到了发展，在民国得到了延续。

[1] 周亚茹．明代马面裙的文化研究及创新设计应用[D]．北京：北京服装学院，2021.

明代的马面裙的基本形制为前片和后片中间开衩并留有大于其他褶一倍以上的一大褶，成为一个矩形，因其形似马面而得名，“马面”两侧打活褶且褶量较大，也增加了下半身的活动空间。

清代方志学家黄钊纂修《石窟一征》一书：“妇人所着裙，围桶而多褶，如古时裳制，谓之马面裙。”这是最早出现在史料中的“马面裙”这一术语的记载。中国古代服装史研究者黄能馥在其所著《中国服饰通史》一书中，给马面裙下过一个定义，即“前后有平幅裙门，后腰有平幅裙背，两侧有褶，裙门和裙背加纹饰，上有裙腰与系带”。

明末清初史学家叶梦珠所著的《阅世编·内装》一卷中有明确记载：“裳服，俗谓之裙。旧制：色亦不一，或用浅色，或用素白，或用刺绣，织以羊皮，金缉于下缝，总与衣衫相称而止。崇祯初，专用素白，即绣亦祇下边一两寸，至于体惟六幅，其来已久。古时所谓裙拖六幅湘江水是也。明末始用八幅，腰间细褶数十，行动如水纹，不无美秀，而下边用大红一线，上或绣画二三寸，数年以来，始用浅色画裙。”这里既讲述了明代女裙的演变：由期初的色系多、装饰多样，变为素白并且只在裙子的下边绣花（图1-12），也提到了六幅裙依然在明代适用。

据载，明代还出现过一种风吹裙动、色如月华的月华裙。《月令广义·八月令》中有记载：“月之有华常出于中秋夜次，或十四、十六，又或见于十三、十七、十八夜。月华之状如锦云捧珠，五色鲜荧，磊落匝月，如刺绣无异。华盛之时，其月如金盆枯赤，而光彩不朗，移时始散。盖常见之而非异瑞，小说误以月晕为华，盖未见也。”这种裙式最大特点在于腰间抽细褶，且每褶各用一色。《阅世编》中载：“有十幅者，腰间每褶各用一色，色皆淡雅，前后正幅，轻描细绘，风动色如月华，飘扬绚烂，因以为名。然而守礼之家，亦不甚效之。”

《嘉靖太康县志》载：“弘治间，妇女衣衫，仅掩裙腰；富用罗、缎、纱、绢，织金彩通袖，裙用金彩膝澜，髻高寸余。正德间，衣衫渐大，裙褶渐多，衫惟用金彩补子，髻渐高。嘉靖初，衣衫大至膝，裙短褶少……”[1]记录了明代上衣与裙的流行变化，也侧面证明了马面裙在嘉靖年间的流行。

清代满人入关后推行“男从女不从”服装法令，将马面裙从男女普遍穿着改为仅妇女穿着。女性下裳以裙子为主，《六十年来妆服志》中载：“在清初的时候，妇女所穿的衣服，与明代无甚歧异，只是后来自己渐渐变过来了。”如图1-13所示为现藏于苏格兰国立博物馆的清代早期人物画

---

[1] 安都．嘉靖太康县志[M]．影印本．上海：上海书店，1990.

图 1-12 浅色刺绣褶裙（山东博物馆藏）

图 1-13 清代早期人物画像

像，其中女性无论是衣装还是发型皆完整保留了明代女性的服饰传统。

随着满汉服饰文化交流的日益频繁，促使满汉妇女服饰渐趋交融，马面裙在这一时期衍生出百褶裙、阑干裙和凤尾裙、月华裙等新马面裙，充分展现女性婉约之美。清代马面裙已是当时最为普遍的下装，清代马面裙的装饰意味日益浓厚[1]。

清代马面裙的形制、材质，结合宗教信仰等影响因素，在成熟中成长。古代文献记载清代马面裙类型各异，有百褶裙和鱼鳞裙等，阑干裙就是根据结构特点而得名，月华裙以色彩特点而得名[2]。彼时人们开始逐渐注重裙子的阑干边和绦子边，原先矩形面料也演变成了用梯形、三角形面料拼接缝制，从而形成上小下大的结构，甚至可以不需要褶梢，而是在面料的拼缝上运用阑干装饰，以形成立体效果，这也是阑干裙的来源。百褶裙出现在明末清初，在李渔所著的《闲情偶寄》中有描写："裙制之精细，惟视折纹之多寡。折多则行走自如，无缠身碍足之患，折少则胶柱难移，有态亦同木强。……近日吴门所尚百褶裙可谓尽美。"为了防止百褶裙的细褶散乱，也为了让细褶不走形，中国传统手工艺人在百褶裙的基础上创新针法，在百褶裙的褶裥会用丝线进行隔段缝制，交叉

---

❶ 丁奕涵. 晚清民初马面裙的制作工艺研究[D]. 北京：北京服装学院，2013.

❷ 祁姿妤. 史更几兴废，物华常流传——马面裙的始末、解构与重组[J]. 艺术设计研究，2015(2): 84-93.

串联，若将这些褶裥拉伸起来就像鱼鳞的形状，因此被称为鱼鳞百褶马面裙。每条褶的纵向每隔2cm都要固定长为1cm的两针，不同的鱼鳞裙会因为针法的变化呈现不同的穿着效果。

清光绪年间诗人李静山作诗《增补都门杂咏》有云：“凤尾如何久不闻？皮绵单袷费纷纭。而今无论何时节，都着鱼鳞百褶裙。”说明在光绪年间鱼鳞百褶裙的普遍流行。裙幅百褶，褶袍细而密，行动时裙袍翻飞，张合变化之间似鱼鳞之状，或静或动都带给人无限的美感。

由此可见，马面裙是清代、民初女性最基本的裙装（图1–14），是在传统围裙的基础上，加上裙门、褶梢、阑干、刺绣等结构工艺及装饰变化而成，并在近代发展完善和成熟，裙子两侧是褶梢，前后中间有一部分是20～27cm的平幅裙门，俗称马面。马面两片重叠组合形成，外裙门多作装饰，而内裙门作较少的装饰，甚至不作装饰，而装饰方法多为刺绣、镶、拼贴等工艺，还有修饰女性体型、突出人体重心的作用。民国时期，马面裙虽已非琳琅满目，但依然成为妇女们日常穿搭的风流（图1–15）。[1]

图1–14　清末穿着马面裙的女性形象

图1–15　民国初年穿着马面裙的女性形象

传统女裙在清末民初从外到内的结构均有西化的倾向，符合了人们对简洁、便捷的追求，裙子在构造上有根本改变。一方面，裙子是两块

[1] 张帆．从马面裙到旗袍：探寻民国时期女性心理变化[J]．西部学刊，2020(14)：126–128.

合起来的；另一方面，在侧缝缝合。从外形上看，女裙已从以往的宽肥平起，发展到紧身、窄A型。

1.3 小结

综观古代女裙形态变化，大多体现于裙腰高度上、裙身长短和褶袍的使用情况。秦汉之前，裙并非妇女的穿着。襦裙通常用绢带系在腰上，裙摆达地面上，遮盖脚面，不露脚。汉代襦裙下装为上小下大喇叭状，腰部两边缝着系结的丝带。东汉末年，民间妇女为便于劳动，把裙长缩至膝上。关于魏晋时期，裙腰向上提到腰节以上，裙摆较宽，追求空灵之美，并通常在裙外系穿一件较短的围裳，以丝带系扎紧固。隋唐妇女上装缩短，下裳之裙腰抬高，以绸带扎于胸前下，下摆长于地，圆弧形，这种狭长紧身高腰襦裙，不仅显示了人体结构曲线美，也反映出那个时代社会所奉行的潇洒风度。

初唐至盛唐，裙装形式从狭窄到宽博肥大逐步发展，裙身采用多块布料拼接缝合而成，用两种或更多的颜色织物做成，伸展开来像石榴裙、花笼裙一样别致。宋代妇女的衣裳风格较为保守、含蓄，在形制上基本延续唐代的形制，所用布幅最多，为十二幅，但是用褶更显得美丽，裙身褶梢较多，裙摆也拖在地上，裙腰仍束在胸前下方，整体上依然保持着狭长纤细的视觉效果。唐宋时期裙装较新，而明朝建立之初，妇女的裙子则沿袭了“裙拖六幅湘江水”这一古老的习俗，明末开始使用八幅。明清两代妇女穿的裙装样式主要有马面裙和凤尾裙两种、百褶裙等都是经典之作，裙的长度和脚的长度，覆盖脚的表面，裙褶形式多样化，主要分布于裙身的两侧，具有死褶和活褶两种形制，并预留了前后宽约20cm的平幅裙门。

锦绣罗裙——传世马面裙鉴赏图录

第2章

裙曳湘罗漾曲尘——阑干马面裙篇

阑干马面裙的装饰方法比较独特，是用数条或数十条深色的细缎带镶绲分隔两侧的裙幅，将其分割成平均、有序的几个部分，穿着起来裙身两侧的褶裥形成自然对称的形态，由此体现出庄重、沉稳、严谨的效果。再按照褶裥上阑干间的距离比对，还可以将阑干裙再次分为等距型阑干和非等距型阑干。

一般阑干裙和普通的马面裙从外观上看并没有明显的差别，只是在制作工艺上有些许区别，阑干裙是把阑干装饰直接装饰在平面布料上，而普通的马面裙就是打褶裥，两种裙子都是褶裥或者阑干数量越多裙摆越大。

2.1 红色地花开富贵纹花绸阑干马面裙

本件马面裙为红色地花开富贵四季花纹花绸阑干马面裙，是典型的阑干马面裙形制。裙身为红色暗花绸面料，上接蓝色棉布宽腰头，马面和裙胁部分的纹样由蓝色线渐变绣成。两侧裙胁分别纵向拼接五栏，中部各一个褶裥，前后左右共四个裙门。马面及下摆处饰有“喜上眉梢”纹样细绦边与黑色提花镶边，并沿用于下摆缘边。面料纹样为八吉祥纹样，也称八宝纹，由法轮、法螺、宝伞、莲花、白盖、宝瓶、金鱼、盘长结组成，简称“轮螺伞盖、花罐鱼长”，是一种佛教装饰纹样，后来发展成民间吉祥纹样。马面处使用打籽绣、盘金绣、三蓝绣、平针绣等刺绣工艺，绣有四季花卉和“瓜瓞（蝶）绵绵”纹样，裙胁每片下半部分竖向排列蝴蝶花卉纹样，做工精细，配色和谐统一。马面黑色缘边处织兰花、牡丹、莲花、菊花等纹样，疏密有致，生动传神。

2.2 红色地江崖海水蟒纹素缎阑干马面裙

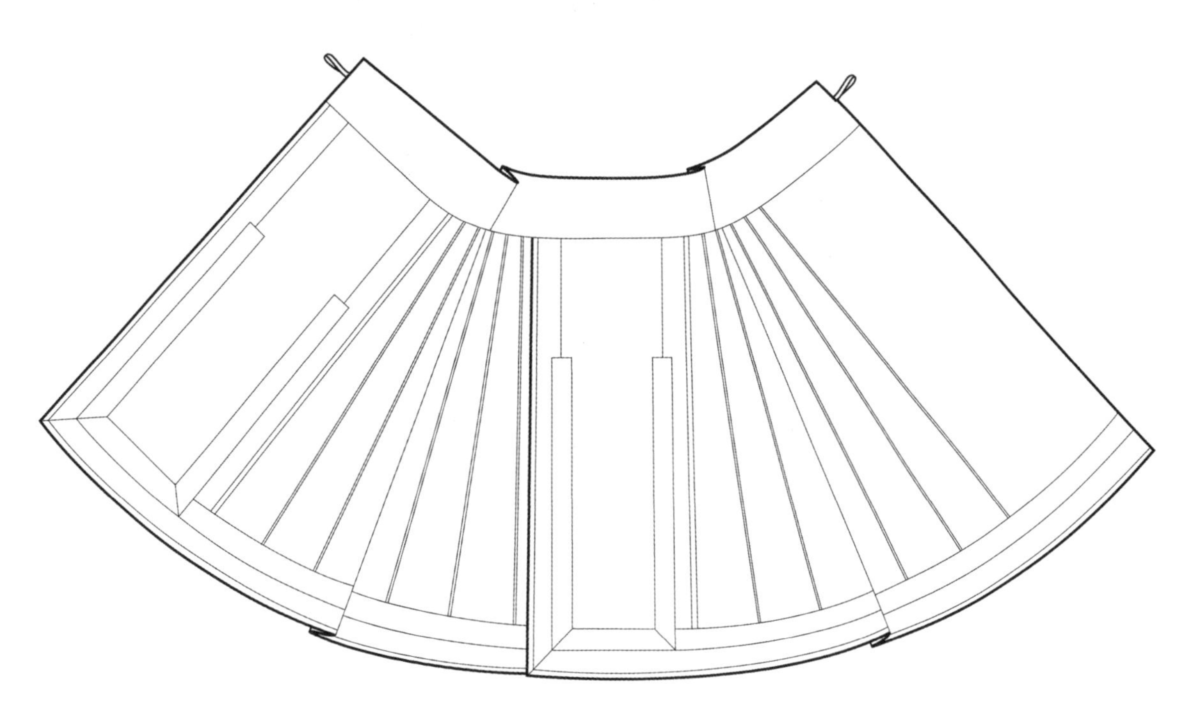

本件马面裙是红色地江崖海水蟒纹素缎阑干马面裙，以红色素缎面料为底，上拼本色棉布宽腰头，马面两侧及裙身下摆处有白底彩色提花的蝴蝶花卉纹样贴边，黑色素缎面料作阑干及缘边外缘。两侧裙胁分别纵向拼接五栏，同时左、右、中部各一个褶裥，前后左右共四个裙门。马面下半部分为三蓝绣和平针绣，绣有江崖海水纹、蟒纹、蝙蝠纹、云纹和火珠纹。江崖海水纹由山崖纹和海水纹组成，寓意一统江山、万世升平；蟒纹形似龙纹，实为四爪，而本件马面裙有五爪，应是服饰僭越的表现，常与云纹、火纹和火珠纹成纹样组合，象征荣华富贵；蝙蝠纹在中国传统的装饰艺术中是幸福、富贵、财富的象征，“蝠”与“福”同音，蝙蝠的飞临有“进福”的寓意。裙胁下摆处竖向排列蝴蝶花卉纹样，整体装饰性极强。

2.3 红色地四季花卉纹素缎阑干马面裙

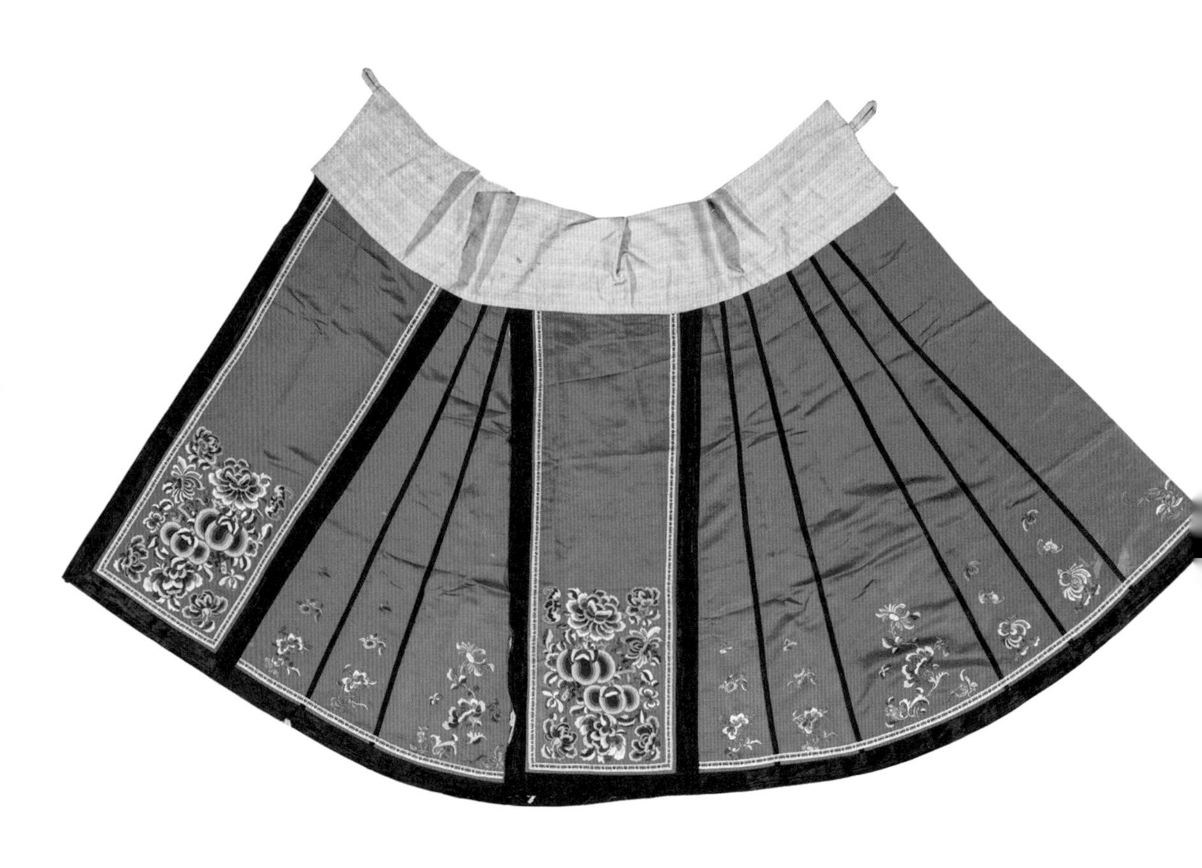

本件马面裙为红色地四季花卉纹素缎阑干马面裙，整体色彩搭配醒目和谐，刺绣纹饰细密，绣工精致细腻，纹样内容寓意美好。此裙裙片展开后下摆宽134cm，马面宽33cm，裙身以红色素缎面料为底，黑色素缎面料作宽3.8cm的缘边。两侧裙胁分别由黑色阑干纵向拼接为五栏。内外马面及下摆饰黑缎镶绲边与白色织带细缘边。裙胁下部平绣花卉、蝴蝶纹。马面下半部分刺绣装饰方形组合纹样，寓意一切事情称心满意。以打籽绣的方式将大小、形状相似的两个柿子相叠，果实硕大饱满，叶子和少许藤蔓绵延，四周以平绣方式绣牡丹、菊花等纹样，藤蔓花枝缝隙中还绣有如意纹、“卍”字纹，“卍”字在梵文中意为“吉祥之所集”，有吉祥、万福和万寿之意。马面的四角绣有蝙蝠、牡丹等花卉，寓意“富贵福长”。整体刺绣采用三蓝绣，以多种深浅不同的蓝色丝线层层过渡，色调统一，色彩过渡柔和，格调清新雅致。

2.4

红色地花枝纹花缎阑干马面裙

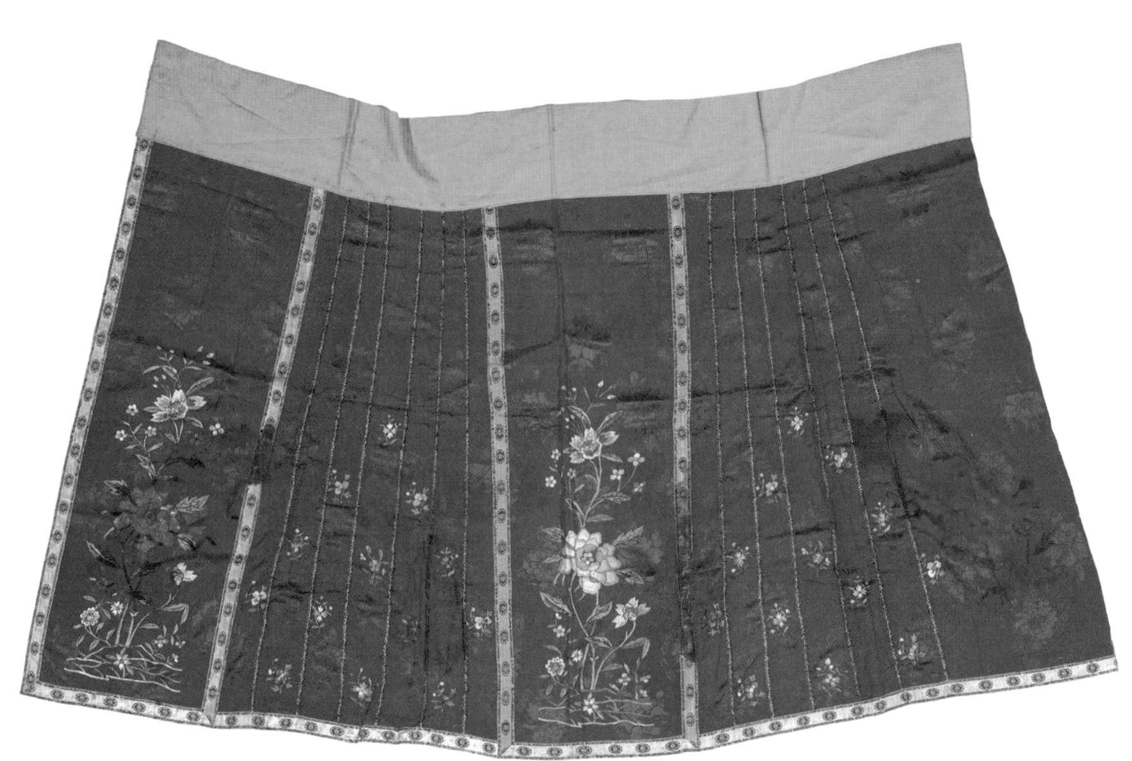

本件马面裙为红色地花枝纹花缎阑干马面裙，裙身以红色提花缎面料为底，上接粉色棉质宽腰布，花缎面料的底纹以回字纹与牡丹花纹的组合单元作四方连续纹样，牡丹寓意富贵吉祥，回字纹一般有“富贵不断头”的寓意。两侧裙胁分别纵向拼接为七栏，两侧阑干左右对称，以金色织带作阑干装饰。缘饰青色花缎镶边织带并以亮片装饰。裙身以各色花卉刺绣纹样为主，纹饰造型纤细灵动、布局规整、色彩搭配雅致，刺绣针法精细。此条马面裙高93.5cm，腰高13.5cm，展开后下摆宽165cm，马面宽30cm（包含宽2.5cm的缘边）。马面下部为单独纹样刺绣，有粉色、红色牡丹等花卉，以整株牡丹的枝茎穿插布以全幅，在勾线的叶子中饰以花苞，花叶间用细而流畅的线连接，花形写实、姿态生动，别开生面。整体纹样精致美观又富有吉祥寓意。

2.5 红色地蝶恋花纹素绸阑干马面裙

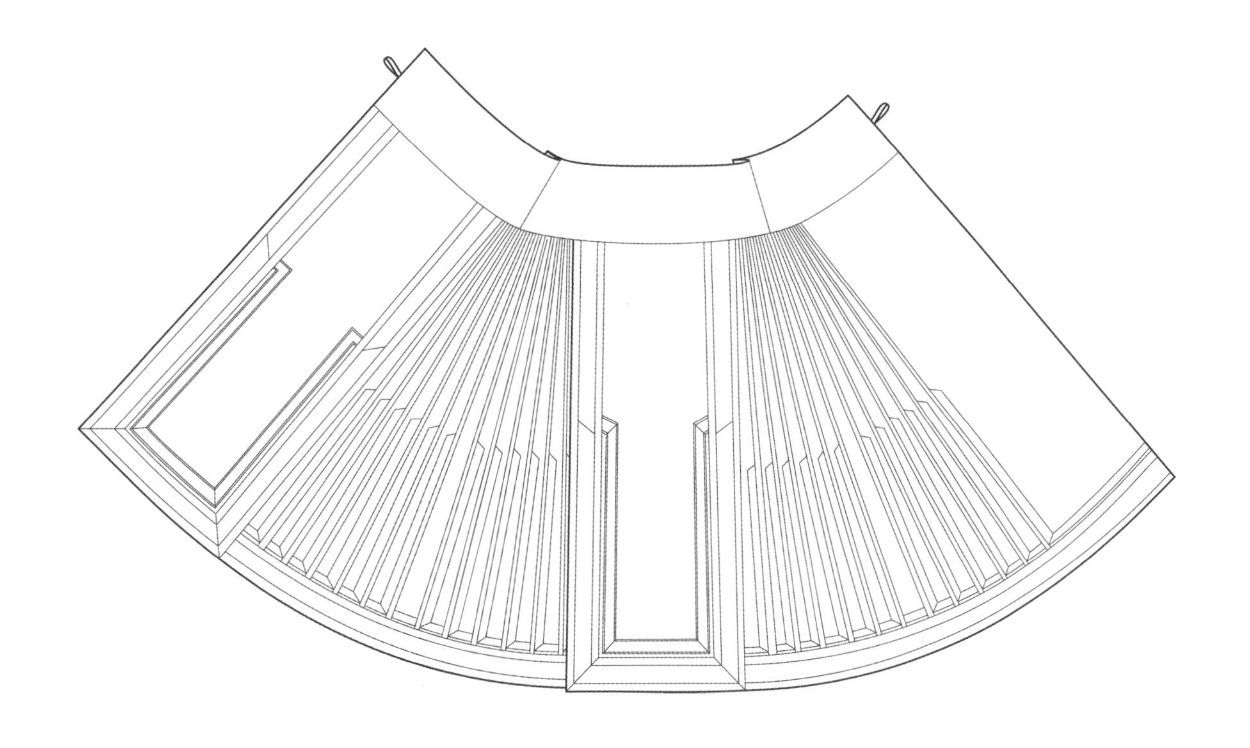

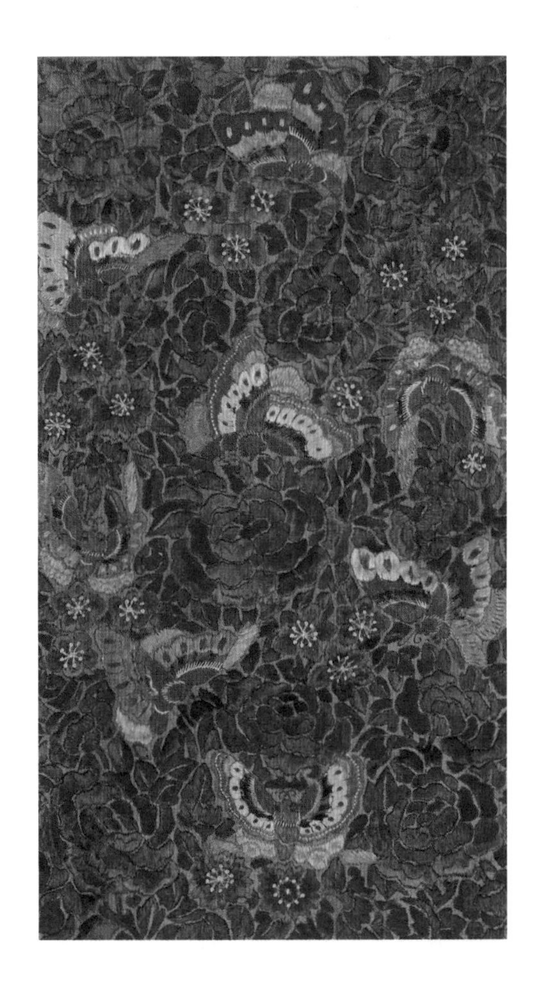

本件马面裙为红色地蝶恋花纹素绸阑干马面裙，以红色素绸面料为底，黑色素绸面料作马面部分宽4cm的缘边，并沿用于下摆，裙身上接白色棉布宽腰头，腰头左右两端各设一个扣襻，用于系结。两侧裙胁分别纵向拼接十二栏，左右内外共四个裙门。每侧裙胁部分阑干中心对称，对称轴两边各6条阑干，褶皱方向向中间合抱。此条马面裙全高90.3cm，腰高16.5cm，展开后下摆宽174cm，马面宽40.5cm，裙门马面下部绣有蝶恋花主题纹样，紫色、绿色、粉色形成对比，鲜活华丽。由于“蝴”“福”近音，“蝶”音同“耋”，蝴蝶纹样通常有“长寿”的寓意。蝴蝶与牡丹花纹样组合后寓意身体健康、荣华富贵。马面裙前后内裙门处单独绣有一株兰花纹样，淡泊而高雅。裙胁下摆处竖向排列兰花藤纹样，每条黑色阑干装饰与马面下半部分的外缘边内侧均缝有一半高度的织蓝条状贴边，条饰蝴蝶花卉纹样，同色同质、相得益彰。此裙应用平针绣、打籽绣和绲针绣几种工艺，做工精美，色彩丰富。

2.6 红色地花开富贵纹素缎阑干马面裙

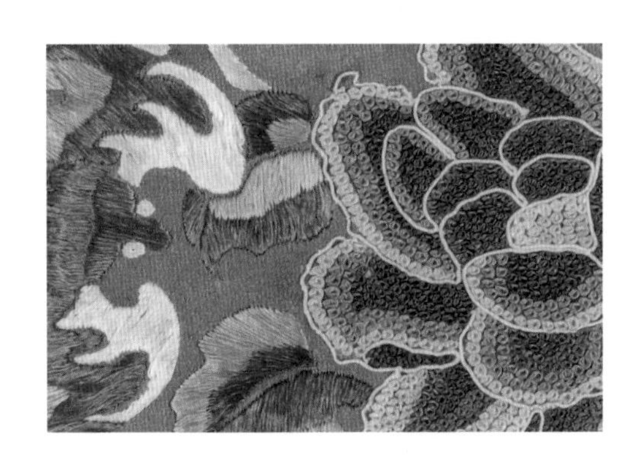

本件马面裙为红色地花开富贵纹素缎阑干马面裙，此裙以红色素缎面料为底，与白色棉布腰头拼接，全高93.4cm，腰高12.4cm，展开后下摆宽136cm，马面宽36cm，黑色素缎面料作宽4.6cm的马面裙门缘边，并沿用下摆。黑色宽缘边的内侧饰有宽2.4cm的绿底白蓝蝴蝶花卉细缘边。裙胁由黑色细阑干纵向分为五栏，每栏下部都绣有菊花、兰花等花卉，以及上方飞舞的蝴蝶。整裙纹样生动形象，栩栩如生，蕴含了美好的寓意。马面边缘装饰有三蓝绣纹样，绣有盘长、法轮、宝伞、法螺等“八吉祥”纹样，以线条流畅的丝带环绕，形成统一有序的视觉感受。马面下部为三蓝绣方形主题纹样，刺绣中心绣一朵牡丹，以打籽绣为主表现，卷线绣勾边，细密整齐，工艺精湛。牡丹的枝叶、花头，经过装饰变化布满全局，姿态生动，疏密有致。牡丹周围绣有四只蝙蝠，组织在一起为“富贵吉祥”纹。这种吉祥纹样在清代染织的装饰中颇为常见。裙身上的三蓝纹饰用白到深蓝五色过渡，色彩过渡节奏明显，与裙底颜色自然和谐。

2.7 红色地花卉纹花绸阑干马面裙

本件马面裙为红色地花卉纹花绸阑干马面裙，裙身为红色花绸面料，上接粉色棉布腰头，宽度适中。裙身为两片活动裙片，与正马面相连的腰头呈可开解的状态，使用三粒纽扣固定，腰头两端各设一个襻，用于系结。两侧裙胁分别纵向拼接六栏，内外左右共三个裙门。马面及下摆缘边内侧饰有白色细绦边和白色水溶性花边，没有复杂的镶边与绲边。纹样由粉色、蓝色和绿色等颜色组成，鲜艳的红色底与淡雅的浅色花卉形成鲜明的对比，达到色彩和谐统一的效果。裙马面和裙胁处绣有各种品类、不同姿态的花卉纹样，皆以碎花装饰，整体排布错落有致，纹样生动形象，花卉娇艳欲滴，清新自然。同时运用打籽绣和平针绣两种刺绣工艺，做工精致，脱离了清代繁复装饰之风，典型的新式风格。

2.8 红色地蝶恋花纹花绸阑干马面裙

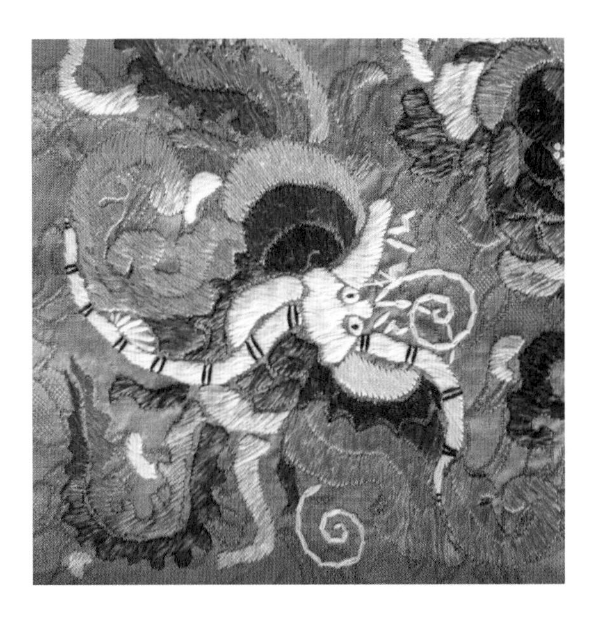

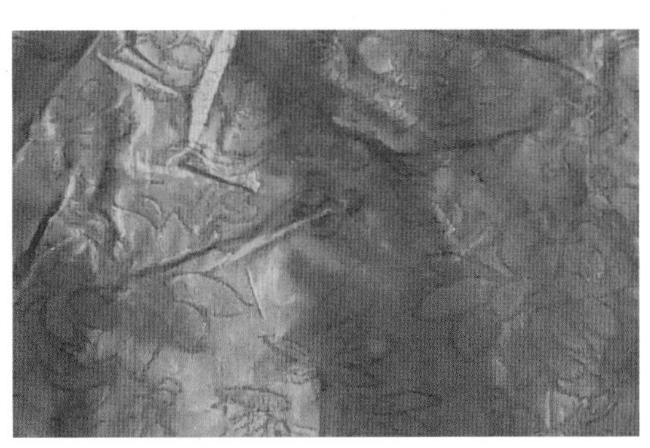

本件马面裙为红色地蝶恋花纹花绸阑干马面裙，裙身为红色花绸面料，上接白色棉布宽腰头，腰头左右两端各设一个襻，用于系结。两侧裙胁被分成5～6组的褶裥效果，梯形面料之间用黑色条状缎带装饰形成立体效果。两侧裙胁分别纵向拼接五栏，内外左右共三个裙门。马面及下摆缘边内侧饰有蓝色底白色二方连续花卉的细绦边和黑色镶边。裙胁处竖向排列着不同形态的蝴蝶花卉纹样，一动一静，交相辉映，相得益彰。马面和裙胁下半部分的纹样由蓝色渐变丝线绣成。此裙马面处绣有蝶报富贵主题纹样，蝶报富贵主要由凤尾蝶和牡丹花组成，周围环绕有菊花纹样。由于凤尾蝶代表美好的事物，牡丹花纹样象征富贵与追求，两者结合传达出爱情美好、富贵花开的寓意。同时结合了平针绣、打籽绣和三蓝绣几种刺绣工艺，做工平整，色彩典雅。马面裙底织有梅兰竹菊纹样，又称“四君子”纹样，是高洁坚贞的象征。

2.9 红色地蝶恋花纹素缎阑干马面裙

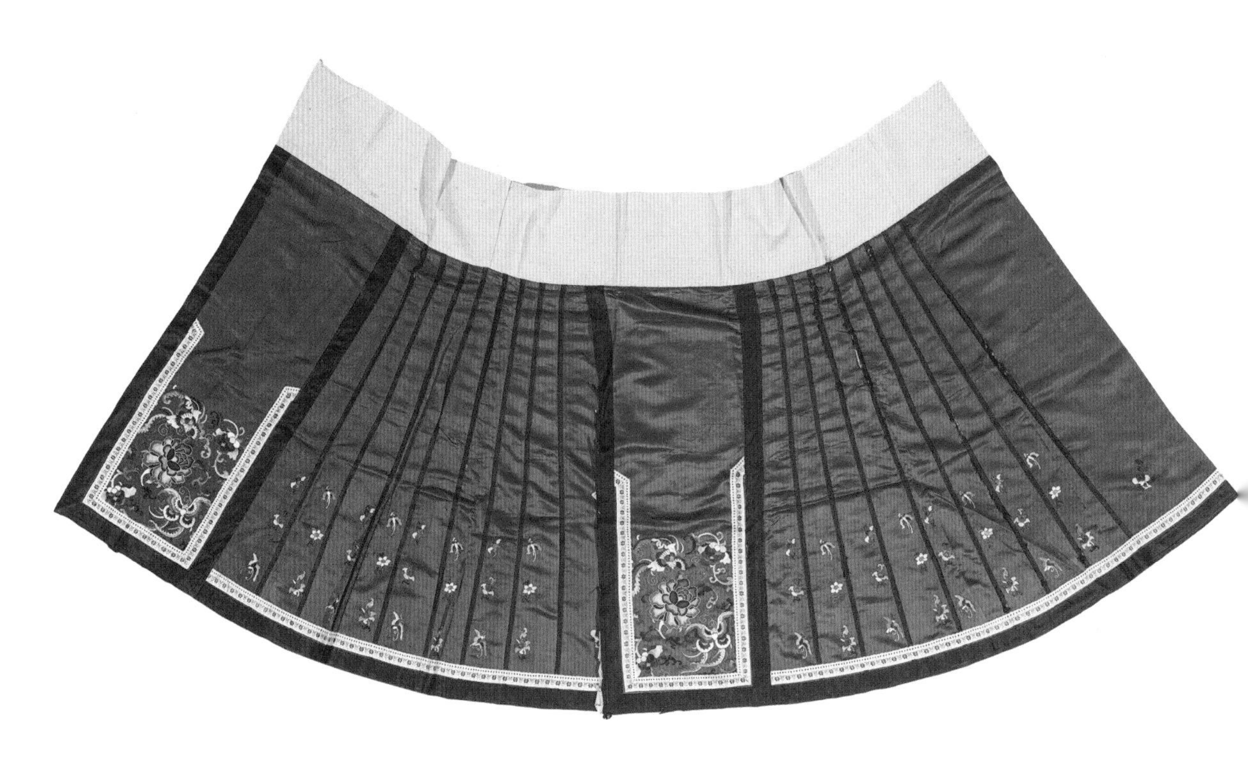

本件马面裙为红色地绣蝶恋花纹素缎阑干马面裙，本件马面裙整体大气端庄，色彩搭配醒目和谐，纹样生动写实，做工精细。此裙以枣红色素缎面料为底，上接白色棉布腰头，黑色素缎作宽3.5cm的边缘，并沿用至下摆边缘。全高96.2cm，腰高17.2cm，展开后下摆宽128cm，马面宽31cm，马面镶边内层、裙胁下摆镶绲内都边饰有白底蓝色花卉纹样的绦边。裙胁上通过十几条细缎将裙胁分割成等距阑干，以三蓝绣绣有花卉与蝴蝶，马面下部为三蓝绣长方形组合刺绣纹样，中心主绣一朵牡丹，针法以打籽绣为主，打籽绣的边缘辅以白色绕线绣来表现外轮廓，使纹样更加坚固耐磨，立体感强。纹样的对角处以平针绣出蝴蝶，蝶姿生动。牡丹与蝴蝶组合的纹样成为蝶恋花纹，蝴蝶代表美好的事物，牡丹花则象征着富贵、追求，两者在一起表达出美好的寓意。中国传统文学常把“双飞的蝴蝶”作为自由恋爱的象征，表达了人们对自由爱情的向往与追求。三蓝绣采用多种深浅不同，但色调统一的蓝色绣线配色，色彩过渡柔和，格调清新雅致，打籽细密整齐，制作工艺精湛。

2.10 红色地瓜瓞绵绵纹素缎阑干马面裙

本件马面裙为红色地瓜瓞绵绵纹素缎阑干马面裙。裙身以红色素缎面料为底，上接蓝色提花缎布腰头，腰头花纹主要为牡丹、菊花等各色花卉，蝙蝠飞舞在花丛中，寓意吉祥多福。黑色素缎作宽2.5cm的布边，并沿用下摆边缘。马面及下摆处饰黑色素缎镶绲边与藏青色织花细纹边。两边裙胁分别由黑色缎条阑干纵向分为五栏，中间一栏间距较宽，其两侧四栏尺寸相同，每栏下部都以三蓝绣绣制菊花、牡丹、茶花与蝴蝶。马面裙全高98cm，腰高15cm，展开后下摆宽121cm，马面宽33cm。马面下半部分为一块瓜瓞绵绵、花开富贵主题纹样，中心主绣一朵牡丹，针法以打籽绣为主，打籽绣的边缘辅以白色绕线绣来表现外轮廓，使纹样更加坚固耐磨，立体感强。对角处分别以三蓝色平针绣法绣以蝴蝶，蝶姿生动。与牡丹组合的蝶恋花纹，象征着富贵与美好追求，右上角以打籽绣与平针技法绣以瓜果纹样，圆润可爱，与卷曲的藤蔓连成一串。与蝴蝶组合的“瓜瓞绵绵”寓意子孙昌盛。常见的瓜瓞绵绵纹样有两种形态：一种是由瓜和藤蔓构成，瓜藤绵延，藤蔓枝叶统称为“蔓带”，谐音“万代”；另一种是瓜和蝴蝶一起构成纹样，“瓞”与“蝶”同音，蝴蝶纹样同样表达了为后代祈福的美好愿望。

2.11 红色地仕女游园纹素绸阑干马面裙

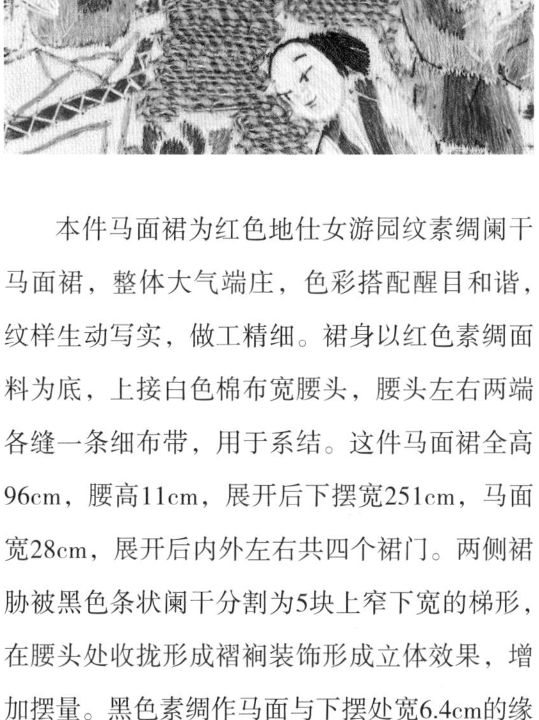

本件马面裙为红色地仕女游园纹素绸阑干马面裙，整体大气端庄，色彩搭配醒目和谐，纹样生动写实，做工精细。裙身以红色素绸面料为底，上接白色棉布宽腰头，腰头左右两端各缝一条细布带，用于系结。这件马面裙全高96cm，腰高11cm，展开后下摆宽251cm，马面宽28cm，展开后内外左右共四个裙门。两侧裙胁被黑色条状阑干分割为5块上窄下宽的梯形，在腰头处收拢形成褶裥装饰形成立体效果，增加摆量。黑色素绸作马面与下摆处宽6.4cm的缘边，内缘边为宽4.2cm的条状贴边。马面下半部分的纹样由红色、绿色、蓝色等颜色组成，绣有仕女游园四季花纹，并搭配梅花、牡丹花纹样，整体描绘了一幅春意盎然、悠闲惬意、生机活力的美好景象。同时使用平针绣勾勒主体纹样、盘金绣覆盖整个画面。织带贴边主体为蓝色底，边缘有紫色边饰，中间装饰竹叶纹样。

2.12 红色地富贵八宝纹花绸阑干马面裙

本件马面裙为红色地富贵八宝花绸阑干马面裙。整体制作工艺精湛，色彩搭配醒目，纹样内容寓意美好。裙身以红色提花绸面料为底，上接蓝色棉布宽腰头，腰头左右两端各有一个襻，用于系结。这件马面裙全高95.5cm，腰高12cm，展开后下摆宽136cm，马面宽35cm。马面处以黑色素缎面料作宽4.4cm的缘边，并沿用下摆边缘。两侧裙胁分别由黑色缎条阑干纵向分为5栏，中间一栏间距较宽，左右4栏相同。每栏都绣有菊花、兰花等各色花卉，上方为飞舞着的蝴蝶。裙身黑素缎镶绲边，内侧镶蓝地织花纹细绦边。马面下半部分为三蓝绣富贵八宝组合主题纹样，中心主绣一朵牡丹，针法以打籽绣为主，绕线绣勾边，打籽细密整齐，制作工艺精湛。四周以平针绣法绣有牡丹、菊花、莲花等各色花卉。四角处以打籽绣分别绣出法轮、宝伞、宝盖、花瓶的八吉祥纹样，均以线条流畅的飘带环绕。这件马面裙的装饰工艺为三蓝绣与打籽绣工艺的结合。其三蓝纹饰用白到深蓝五色过渡，色彩过渡节奏明显，线迹排布紧密。

2.13
红色地瓜瓞绵绵四季花卉纹素缎阑干马面裙

本件马面裙为红色地瓜瓞绵绵四季花卉纹素缎阑干马面裙。整裙色彩搭配醒目和谐，刺绣纹饰繁复细密，针法细腻，纹样内容寓意美好。裙身以红色素缎面料为底，上接白色棉布腰头，黑色素缎面料作宽缘边，并沿用于下摆边缘。马面及下摆处缘内侧镶藏青底白色织花细绦边。两侧裙胁分别由黑色缎条阑干纵向分为五栏，中间一栏间距较宽，左右四栏相同，每栏都以三蓝绣绣有菊花、牡丹、梅花、荷花四季花纹样，上方飞舞蝴蝶与蝙蝠。四季花卉是经典的吉祥纹样，寓意四季平安，春夏秋冬景色相宜、祝福不减，与蝴蝶、蝙蝠组合寓意吉祥福寿。马面下半部分为蝴蝶、牡丹与瓜果组合的主题纹样，中心两瓜相叠，瑞瓜硕大饱满，周围少许瓜叶和藤蔓，以打籽绣绣制表现，边缘辅以白色绕线绣来表现外轮廓，使得纹样立体感强。旁边以三蓝平绣两朵牡丹，对角则绣以长尾蝴蝶，蝶姿生动。此种构图方式受到“喜相逢”结构的影响，元素占比相似，呈现疏密有序、均匀和谐的美感。三个主体物既各自独立又相互联系，呈现出“对望”的姿态，瓜瓞绵绵纹样组合寓意着子孙昌盛、家族兴旺，也用作庆贺丰收之意。

2.14 红色地花卉博古纹素缎阑干马面裙

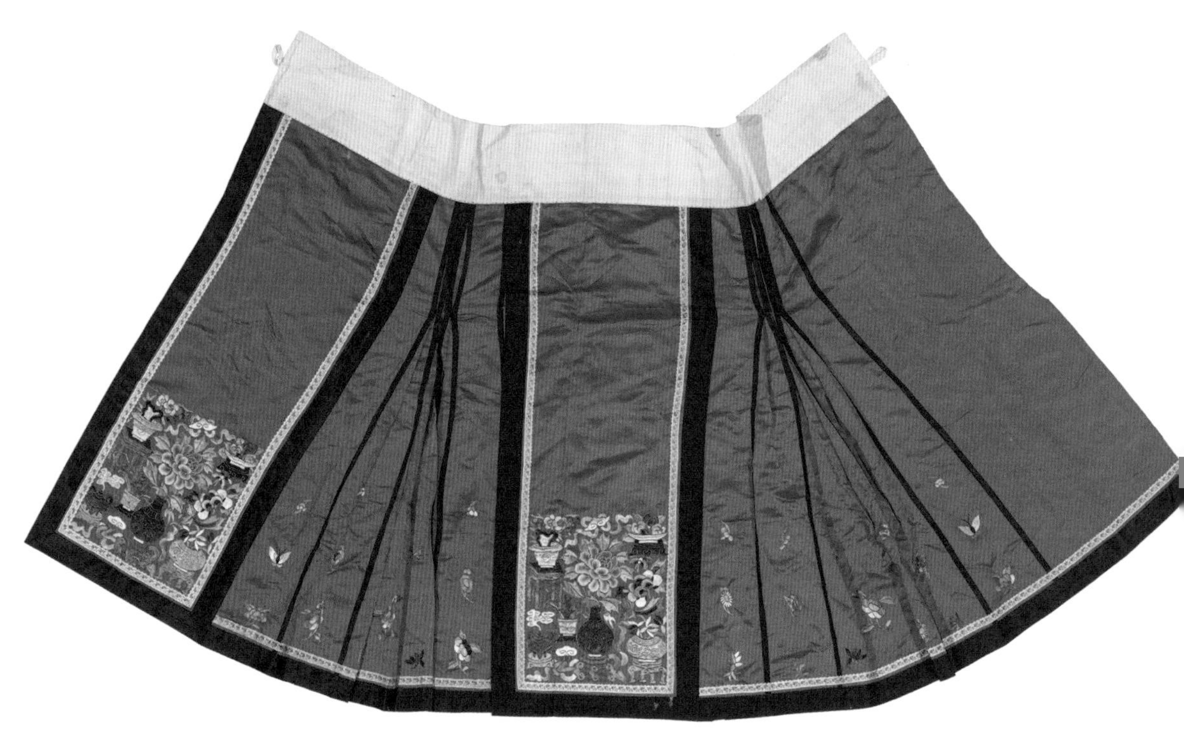

本件马面裙为红色地花卉博古素缎阑干马面裙。整裙纹样写实生动，色彩明亮鲜艳，纹饰绣工精致，寓意美好。裙身以红色素缎面料为底，上接白色棉布腰头，黑色素缎面料作马面宽缘边，并沿用下摆边缘，马面及下摆处内侧镶白底红绿色织花细缘边。两侧裙胁处由若干梯形裁片缝合而成，由黑色缎条阑干纵向分割为10栏。每栏绣有菊花等各色花卉纹样，上方绣有飞舞的蝴蝶。马面下半部分为由花卉与各式花瓶组合的主题纹样，中心主绣一只深蓝色花瓶，边缘轮廓与内部花纹均以盘金绣绣之，金线盘绕间距规整紧密，并用丝线细密钉缝。牡丹以打籽绣表现花体，边线以盘金绣固定，平绣辅助表现叶脉，绣工精致。花瓶之中插一枝牡丹寓意富贵平安。花瓶下方绣有一个如意，周围丝带环线，寓意平安如意。纹样四角绣有花瓶架，瓶中插有梅花、粉及蓝色佛手、灵芝、水仙等，纹样中所有器物均以盘金绣勾边固定。凡鼎、尊、彝、瓷瓶、玉件、书画、盆景等被用作装饰题材时，均称为博古纹，寓意高洁清雅。

2.15 红色地四季花卉纹花绸阑干马面裙

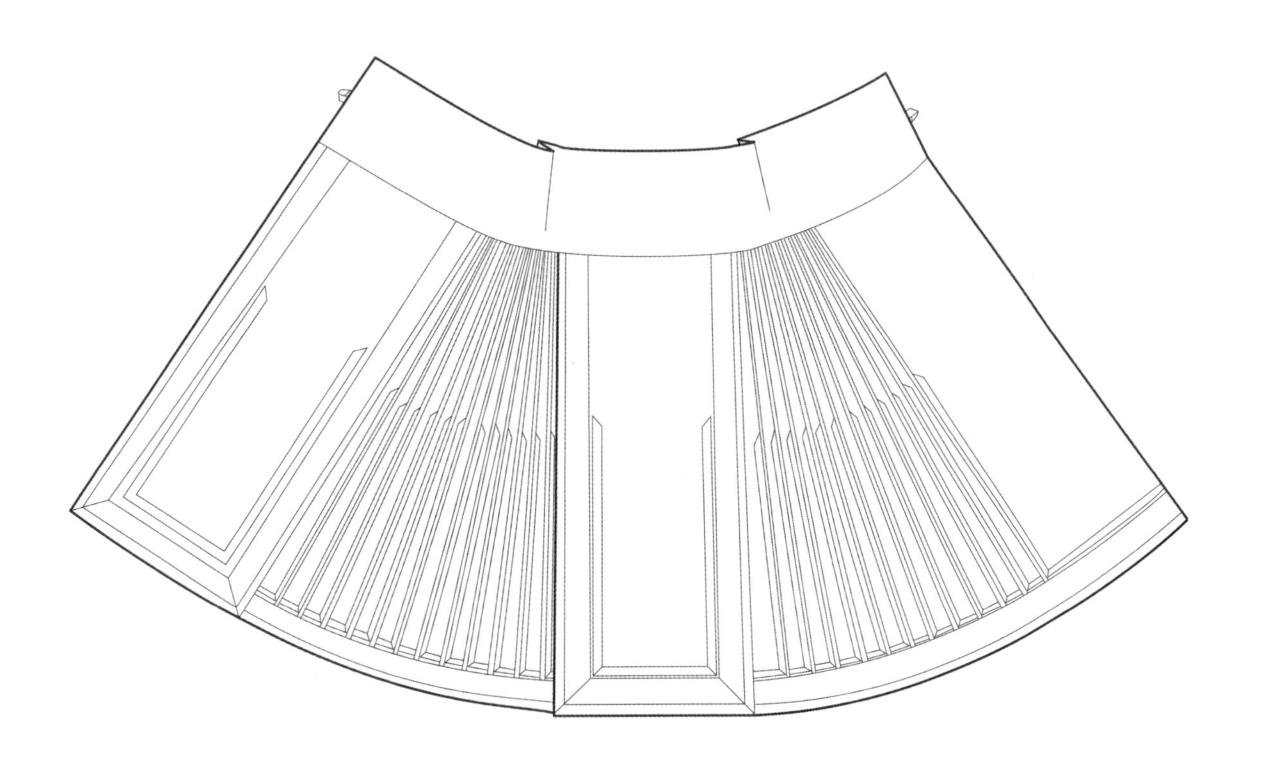

本件马面裙为红色地四季花卉纹花绸阑干马面裙。整裙色彩搭配醒目和谐，刺绣纹饰繁复细密，针法细腻，纹样内容寓意美好。裙身以红色花绸面料为底，织如意云纹与各色花卉暗纹，上接白色棉布宽腰头，黑色素缎面料作宽缘边，并沿用至下摆。两侧裙胁处由黑色缎条阑干纵向拼接为24栏，阑干上绣三蓝平绣花卉纹。马面及下摆处饰黑底宽绦条，上绣蓝色莲花、菊花、梅花等四季花卉及蝴蝶纹样。宽绦条上方及分割的深色缎边处饰黑底三蓝色织花细绦边。马面下半部分为彩蝶与花卉组合的主题纹样，纹样中以三蓝绣绣以牡丹、荷花、菊花、梅花纹样，称为四季花，是人们喜闻乐见的吉祥纹样，寓意四季平安。花卉丛中的缝隙间穿插飞舞着六只蝴蝶，颜色以亮眼的黄色为主，蓝白色为辅。绣出的蝴蝶具有轻盈的动感，花朵为底，蝴蝶跃然团花之上，或大或小，或聚或散，画面灵动，美感十足。

2.16 红色地蝶报富贵纹素缎阑干马面裙

本件马面裙为红色地蝶报富贵纹素缎阑干马面裙。整件马面裙大气端庄，色彩搭配醒目和谐，纹样生动写实，做工精细。裙身以红色素缎面料为底，上接蓝色素缎面料宽腰头，左右各有一个襻，用于系结。黑色素缎面料作宽缘边。马面及下摆缘边内侧饰有绿底红色花卉纹样的细绦边。两侧裙胁分别由黑色缎条阑干纵向拼接为5栏，中间一栏间距较宽，左右4栏相同，裙胁上绣有五彩花卉纹样，上方飞舞蝴蝶。马面下半部分纹样以花卉与凤尾蝶为主，采用打籽针表现，打籽绣的边缘辅以白色绕针绣来表现外轮廓，使纹样立体感强。三蓝绣采用多种深浅不同但色调统一的蓝色绣线配色，色彩过渡柔和，格调清新雅致。整幅纹样近似传统纹样结构形式“喜相逢”样式，由太极画面转化而成，基本上是利用“S”形构成一对变化运动的形象，表现运动、飞舞、互相呼应、回旋、顾盼的情势。纹样中的蝴蝶与牡丹有竞相追逐之感，形态自然，造型活泼，蝴蝶与“福迭”谐音，有福气多多、幸福美满之意；“蝶”与“耋”谐音，寓指长寿；一双蝴蝶比翼而飞，可象征爱与美好；蝴蝶于盛开的牡丹花丛中翩翩起舞，寓意蝶（迭）报富贵，佳讯频传。

2.17 红色地蝶报富贵纹素缎阑干马面裙

本件马面裙为红色地蝶报富贵纹素缎阑干马面裙，整体大气端庄，色彩搭配醒目和谐，纹样生动写实，做工精细。马面处以红色素缎面料为底，上接蓝色素缎面料宽腰头，黑色素缎面料作宽缘边，并沿用于下摆。马面及下摆缘边内侧都边饰有玫红底白色花卉纹样的细绦边。两侧裙胁分别由黑色缎条阑干纵向拼接为五栏，中间一栏间距较宽，左右四栏相同，裙胁上绣有菊花、牡丹、梅花、莲花等四季花卉纹样，上方飞舞蝴蝶，竖向排列。马面下半部分纹样以花卉与凤尾蝶为主要元素，以平绣与打籽绣铺设纹样的块面，打籽绣的边缘辅以白色绕针绣来强调轮廓，使纹样更加坚固耐磨，立体感强。蝴蝶与牡丹的组合又有富贵吉祥的寓意，常见的单组蝴蝶与牡丹又作蝶恋花主题，而当蝴蝶造型呈现出合抱牡丹的状态时，又称为“蝶报富贵”。因此，一直以来，蝴蝶纹样备受大众喜爱。

2.18 红色地富贵平安纹素缎阑干马面裙

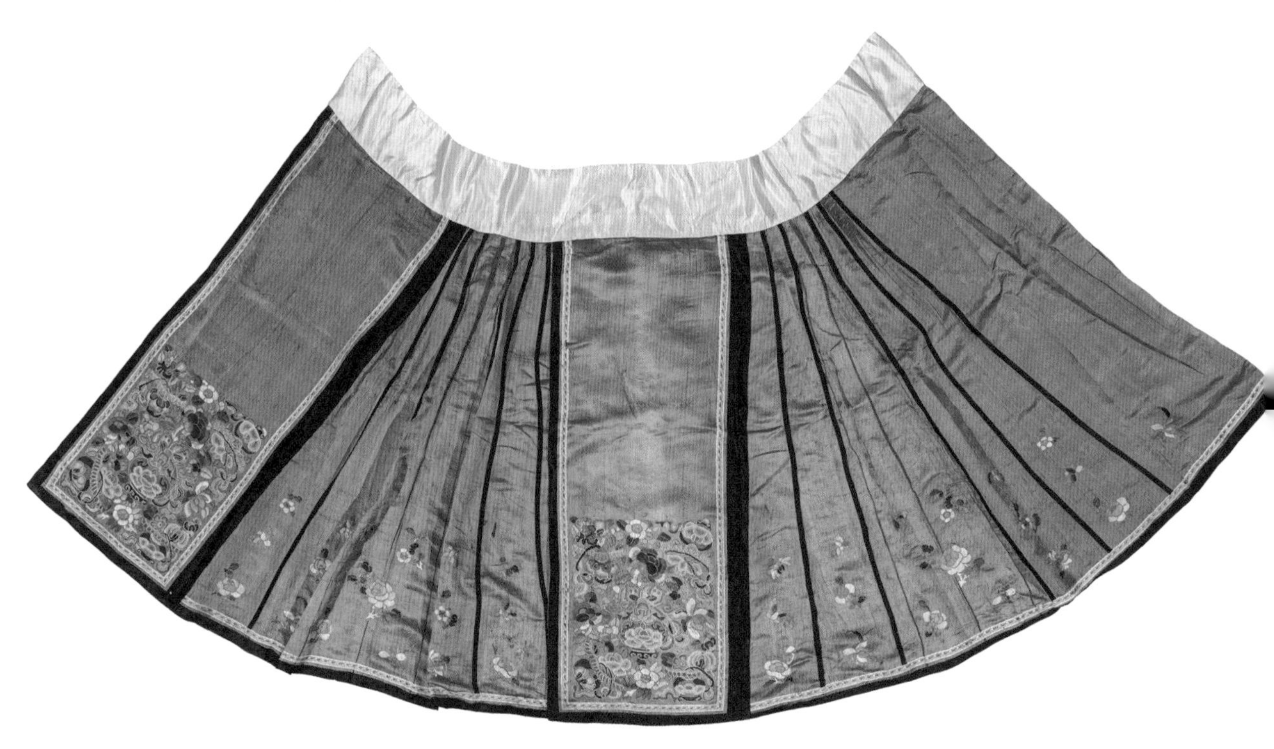

本件马面裙为红色地富贵平安纹素缎阑干马面裙，裙身以红色素缎面料为底，上接米色素缎面料宽腰头，黑色素绸面料作宽缘边，并用于下摆。裙身是由多块大小不一的梯形面料拼接缝制而成，梯形面料之间用黑色条状阑干装饰形成立体效果。两侧裙胁分别纵向拼接六栏，内外左右共四个裙门。马面及下摆处缘边饰有白色底蓝色花卉的细绦边和黑色镶绲边。马面和裙胁部分的纹样由蓝色、绿色、红色等颜色组成。裙胁处竖向排列着不同姿态的蝴蝶花卉纹样，有梅花、兰花、牡丹等花卉纹样。内裙门处单独绣有一株兰花纹样，强调雅致与精细。马面处绣有五个花瓶纹样，分别为仙桃、牡丹花、梅花、蝙蝠、南瓜，突出平安、富贵、吉祥，一派春意祥和的图景，寓意多子多福，荣华富贵。整体刺绣纹样丰富，生动传神。同时结合了打籽绣、平针绣与绕针绣几种刺绣工艺，绣工细腻，色彩搭配和谐。

2.19 红色地蝶报富贵纹素缎阑干马面裙

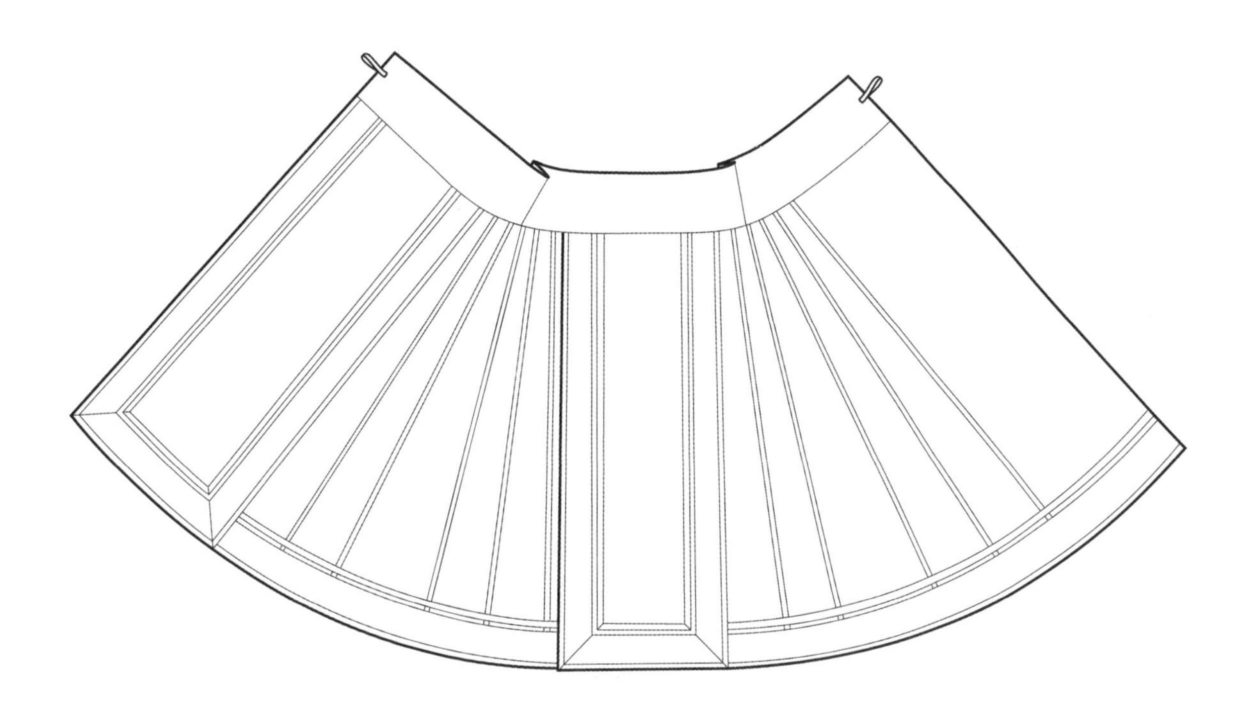

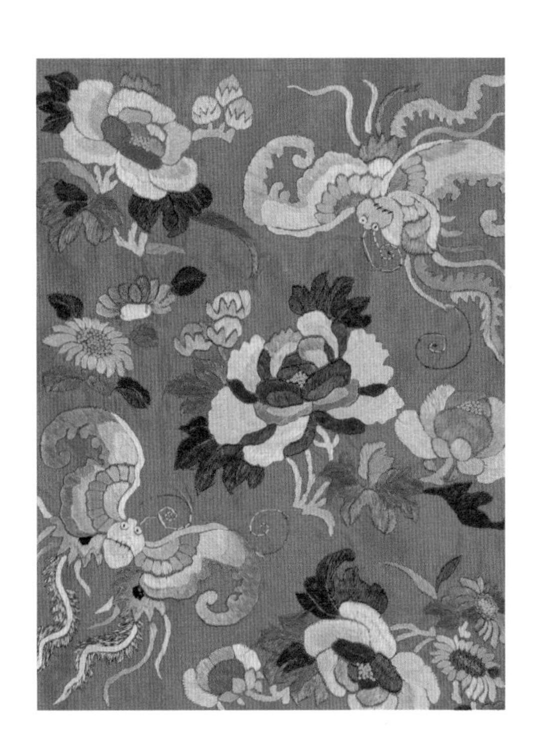

本件马面裙为红色地蝶报富贵纹素缎阑干马面裙。整体纹样清秀典雅、清幽淳朴，色彩清新大方。裙身以红色素缎面料为底，上接白色棉布宽腰头，腰头左右两端各有一个襻，用于系结，黑色素绸面料作宽缘边，并沿用于下摆。裙身由多块大小不一的梯形面料拼接缝制而成，梯形面料之间用黑色条状阑干装饰形成立体效果。两侧裙胁分别纵向拼接五栏，内外左右共四个裙门。马面及下摆缘边内侧饰有绿色底红色花卉的细绦边和黑色镶绲边装饰。马面和裙胁部分的纹样由红色、蓝色、绿色、粉色、黄色等颜色组成，裙胁处竖向排列着不同形态的蝴蝶花卉纹样，有菊花、兰花、牡丹、梅花等纹样，其中内裙门处单独绣有一株兰花纹样。此裙纹样同时结合了平针绣和打籽绣两种刺绣工艺，造型自然、手法细腻。马面处绣有蝶报富贵纹样，由牡丹和凤尾蝶纹样组成，牡丹花居于正中，两只凤尾蝶呈对角排列，周围还有雏菊纹样。蝶报富贵纹样象征荣华富贵，吉祥如意。

2.20 红色地蝶恋花纹花绸阑干马面裙

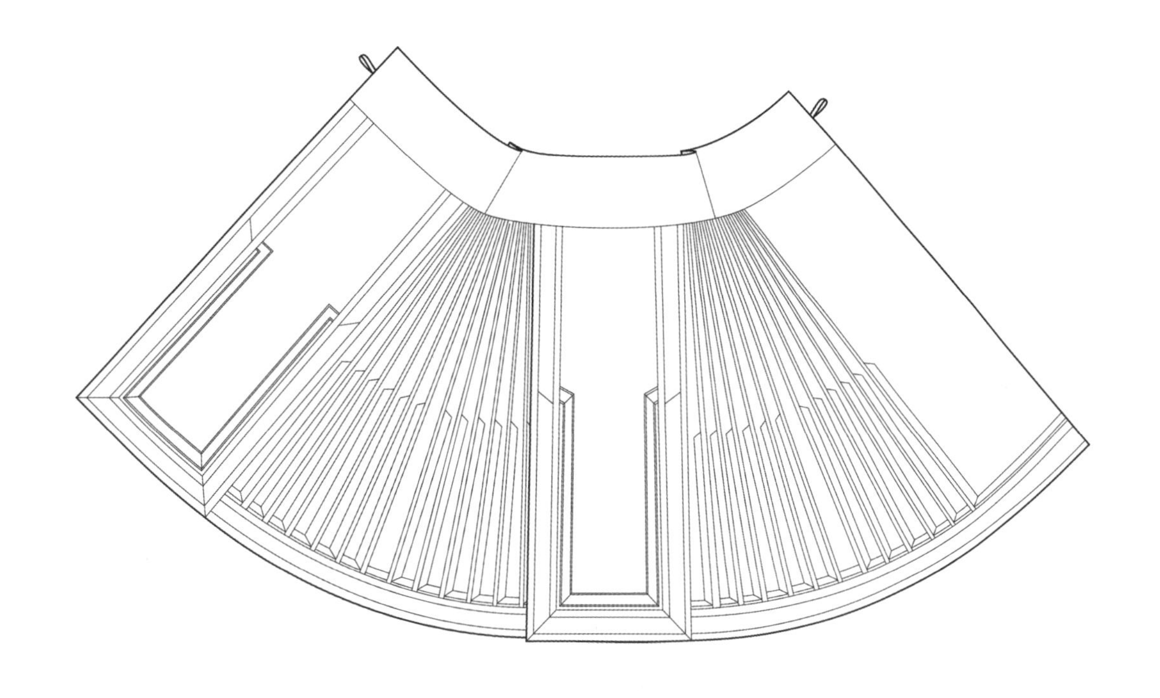

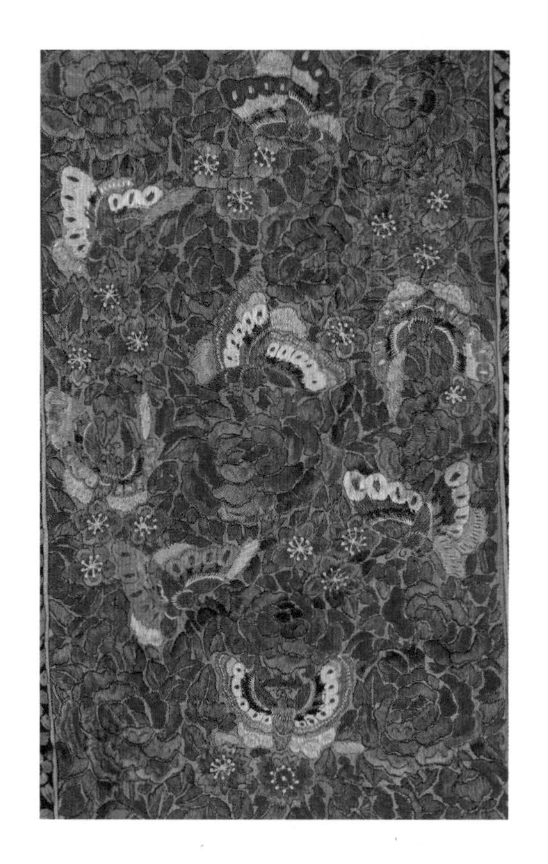

本件马面裙为红色地蝶恋花纹花绸阑干马面裙，裙身以红色花绸面料为底，上接白色棉布宽腰头，腰头左右两端各有一个襻，用于系结。黑色素绸面料作宽缘边，并沿用于下摆。裙身由多块大小相等的梯形面料拼接缝制而成，形成褶裥效果，梯形面料之间用黑色条状阑干装饰形成立体效果。两侧裙胁分别纵向拼接12栏，前后左右共四个裙门。马面及下摆处缘边内侧饰有黑色镶边。两侧裙胁处条状阑干旁有左右对称各六条贴边装饰。马面和裙胁部分的纹样颜色由蓝色、绿色、黄色、紫色等组成。裙胁处竖向排列着兰花藤纹样；黑色阑干装饰旁的条状贴边处、马面黑色缘边及缘边旁的条状贴边上都绣有蝴蝶花卉纹样，同色同质、相得益彰。此裙马面处绣有蝶恋花纹样，彩蝶飞舞于牡丹花、梅花之中，色彩靓丽奢华。几种纹样结合，寓意吉祥如意、爱情美好、婚姻美满。此裙纹样同时结合了平针绣、打籽绣、三蓝绣工艺，手法细腻，装饰性强、富有端庄大方之感。马面裙内裙门处单独绣有一株兰花纹样，淡泊高雅、清幽淳朴。

2.21 红色地花开富贵纹素缎阑干马面裙

本件马面裙为红色地花开富贵纹素缎阑干马面裙。裙身及装饰保存完整，色泽雅致，总体风格朴实低调。以黑色素绸面料为底，上接绿色棉布腰头，黑色素绸面料作缘边，并沿用于下摆。在缘边内侧还有一层蓝色细绦边。两侧裙胁由五块布片拼接而成，每处接缝都有黑色素绸细缘饰。此裙主要元素为牡丹纹样、莲花纹样以及由宝剑、卷轴、叶与宝伞组成的八宝纹。在裙胁与马面中有着6组不同搭配结构的花朵纹样和蝙蝠纹样的组合纹样。马面上的主题纹样中，中间的牡丹纹样和八宝纹样使用打籽绣铺设，周围四个角的花纹使用平绣工艺。纹样整体以深浅不同的蓝色为主色过渡描绘，并以黄色为点缀色。在中国传统纹样中花草纹样均有着吉祥祥瑞的寓意，牡丹纹样寓意着吉祥富贵，被视为繁荣昌盛、美好幸福的象征。此裙综合运用多种纹样，结合织造显花工艺，整体传达出吉祥的寓意浓厚非常。

2.22 红色地蝶报富贵纹素缎阑干马面裙

本件马面裙为红色地蝶报富贵纹素缎阑干马面裙，裙身以红色素缎面料为底，黑色素绸面料作宽缘边，并用于下摆，上接白色棉布宽腰头，腰头左右两端各一个襻，用于系结。马面及下摆缘边内侧饰有黄色底蓝色花卉的细缘边，并绣有蝴蝶、石榴、蝙蝠、牡丹、莲花等纹样与回字纹组合的二方连续镶边。镶边旁还有黑色绲边装饰。裙身由多块大小不一的梯形面料拼接缝制而成，梯形面料之间用黑色条状阑干装饰形成立体效果。两侧裙胁分别纵向拼接五栏，内外左右共四个裙门。马面和裙胁部分的纹样由红色、蓝色、绿色、粉色、黄色等颜色组成。裙胁处竖向排列着不同形态的蝴蝶花卉纹样，有菊花、玉兰、兰花、牡丹、梅花等花卉纹样，其中内裙门处单独绣有一株兰花纹样。马面处绣有蝶报富贵纹样。蝶报富贵纹样主要由牡丹和凤尾蝶纹样组成，周围分布有菊花纹、梅花纹、花篮纹、宝瓶纹、蝙蝠纹，多种纹样结合寓意爱情美好，富贵花开。整体纹样布局疏密有致，色彩明艳大方。同时结合平针绣、打籽绣、绕针绣三种刺绣工艺，细致传神。

2.23

红色地仕女游园纹素缎阑干马面裙

本件马面裙为红色地仕女游园纹素缎阑干马面裙。此裙整体纹饰布局规整、写实生动，栩栩如生，裙身色彩搭配靓丽雅致，平绣针法细腻，纹样内容寓意美好。裙身以红色素缎面料为底，与白色棉布腰头拼接，腰头左右两端各有一个腰襻以系结。蓝色素缎面料作宽缘边，并沿用下摆边缘。马面及下摆处缘边内侧饰白底宽缘条，上绣蓝色莲花、菊花等各色花卉及葫芦、葡萄等纹样。宽缘条上方饰白底蓝色蝴蝶纹细缘条。两侧裙胁处由若干梯形裁片缝合而成，并以深色缎边镶于缝合处，裙胁由黑色缎条阑干纵向拼接为十二栏，上绣有五彩绣散花纹饰，上方飞舞蝴蝶。马面处绣有仕女游园花纹样，搭配有荷花、牡丹、菊花、竹子、蝙蝠、假山石、亭台等纹样，配色以蓝色、绿色、红色为主。纹样场景为两位女子正在园林景致中游园赏花，一儿童正在嬉戏，氛围恬静美好。此裙刺绣纹样描绘了一幅春意盎然、悠闲惬意、充满生机活力的美好景象。

2.24 橘色地花开富贵纹花绸阑干马面裙

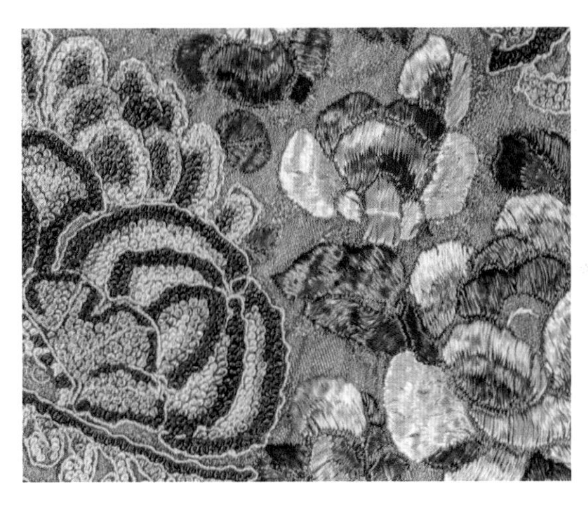

本件马面裙为橘色地花开富贵纹花绸阑干马面裙。整裙纹样生动形象、栩栩如生，富有吉祥、美好的纹样，传达出美好的寓意。裙身以橘色花绸面料为底，面料上提花为八吉祥与云纹，与白色棉布宽腰头拼接，蓝色素缎面料作宽4cm的缘边，并用于下摆。马面及下摆缘边内侧饰有1cm宽的白底蓝色花卉纹样细缘边。这件马面裙全高98cm，腰高15cm，展开后下摆宽136cm，马面宽31cm。两侧裙胁分别由黑色缎条阑干纵向拼接为五栏，中间一栏间距较宽，左右四栏相同。每栏都绣有各色花卉，上方蝴蝶飞舞。马面与下摆的缘边装饰有三蓝绣纹样，绣有盘长、法轮、宝伞、法螺等“八吉祥”纹样。这些法物为神佛所佩饰，或为供斋醮神，以祈福免灾，故寓有吉祥之意。马面下半部分为花瓶与花卉瓜果组合的主题纹样，中心主绣一只花瓶上堆有南瓜、柿子、牡丹，旁边绣有如意灵芝，寓有平安如意、富贵平安、万事如意之意。纹样四角分别绣以书画、犀角、万字纹、灵芝杂宝纹样。此裙纹样均以三蓝绣、打籽绣工艺相结合，花纹的籽与籽排列均匀有序，大小一致。打籽绣的边缘辅以金色绞线绣来表现外轮廓，使纹样更加坚固耐磨，立体感强。花篮四周以三蓝色平绣绣以多只牡丹花卉，格调清新雅致。

2.25 粉色地蝶报富贵纹花绸阑干马面裙

本件马面裙为粉色地蝶报富贵花绸阑干马面裙。裙身整体大气端庄，色彩搭配醒目和谐，纹样生动写实，做工精细。裙身以粉色花绸面料为底，上接白色棉布宽腰头，黑色素缎面料作宽缘边，并用于下摆。马面及下摆缘边内侧都边饰有玫红底白色花卉纹样的绦边。裙胁上通过几条细缎将裙胁分割成腰部间隔相同的等距阑干马面裙，在下摆处间距略有差异。马面下半部分为一块三蓝绣组合刺绣纹样，中心主绣一朵牡丹，针法以打籽绣为主，打籽绣的边缘辅以白色绕针绣来表现外轮廓，使得纹样更加坚固耐磨，立体感强。对角处分别以三蓝色打籽绣法绣以蝴蝶，蝶姿生动。蝴蝶是重要的传统纹饰，与“福迭”谐音，有福气多多、幸福美满之意；“蝶”又与“耋”谐音，寓指长寿；一双蝴蝶比翼而飞，象征爱与美好；蝴蝶于盛开的牡丹花丛中翩翩起舞，寓意蝶（迭）报富贵、佳讯频传。三蓝绣采用多种深浅不同、但色调统一的蓝色绣线搭配，色彩过渡柔和，格调清新雅致，打籽细密整齐，制作工艺精湛。

2.26 粉色地瓜瓞绵绵纹花绸阑干马面裙

本件马面裙为粉色地瓜瓞绵绵纹花绸阑干马面裙，裙身以粉色暗花绸面料为底，底布有回字纹和兰花纹样凸显，加强纹样的视觉张力，上接浅绿色棉布宽腰头，腰头左右两端各有一个襻，用于系结，这件马面裙全高97cm，腰高15cm，展开后下摆宽258cm，马面宽31cm。黑色素绸面料作宽3.5cm的缘边，缘边旁还有宽1.2cm的贴边，并用于下摆。裙身由多块大小相等的梯形面料拼接缝制而成，形成褶裥，梯形面料之间用黑色条状阑干装饰形成立体效果。两侧裙胁分别纵向拼接五栏，内外左右共四个裙门，于中间处打褶。马面及下摆处缘边内侧装饰有黄色底红色花卉的贴边以及黑色绲边和镶边。马面和裙胁部分的纹样由黄色、蓝色、白色等几个颜色组成，两侧裙胁处绣有不同形态的蝴蝶花卉纹样。此裙马面处绣有瓜瓞绵绵花纹，该纹样主要由两个南瓜、蝴蝶、花篮、牡丹、梅花等纹样组成。两个南瓜和蝴蝶排布在纹样的上方，中心是花篮纹，整体象征长长久久，寓意人丁兴旺。同时使用三蓝绣、打籽绣、盘金绣、平针绣等刺绣针法覆盖整体纹样，造型独特、色彩典雅、设计巧妙。

2.27 粉色地福寿富贵纹素缎阑干马面裙

本件马面裙为粉色地福寿富贵纹素缎阑干马面裙。裙身及装饰保存完整，色泽沉稳，总体风格稳重大气。裙身以粉色素缎面料为底，上方拼接蓝色棉布腰头。裙身由前后两个马面以及马面两侧的若干裙片组成的裙胁组成。黑色素绸面料作马面缘边，并沿用于下摆。裙身两侧由六块布片拼接而成，每一个接缝都有黑色缘饰。此裙元素主要有蝙蝠、百合花、牡丹花和莲花，主体纹样的空隙被花草纹样所填充。其中牡丹处于画面的正中心，上下方是蝙蝠与寿桃纹样，左右两边有莲花纹和百合纹样。边缘部分有卷草纹、蝙蝠纹和各种花卉纹组成的矩形纹样。牡丹纹样寓意吉祥富贵，百合纹样寓意百年好合、诸事顺心。桃代表寿，蝙蝠代表福，二者一起出现代表福寿双全。整体纹样采用了平绣的工艺，以不同明度的蓝色为主色调。此裙综合运用多种纹样，结合织造显花工艺，传达出吉祥的寓意。

2.28 黄色地瓜瓞绵绵纹花绸阑干马面裙

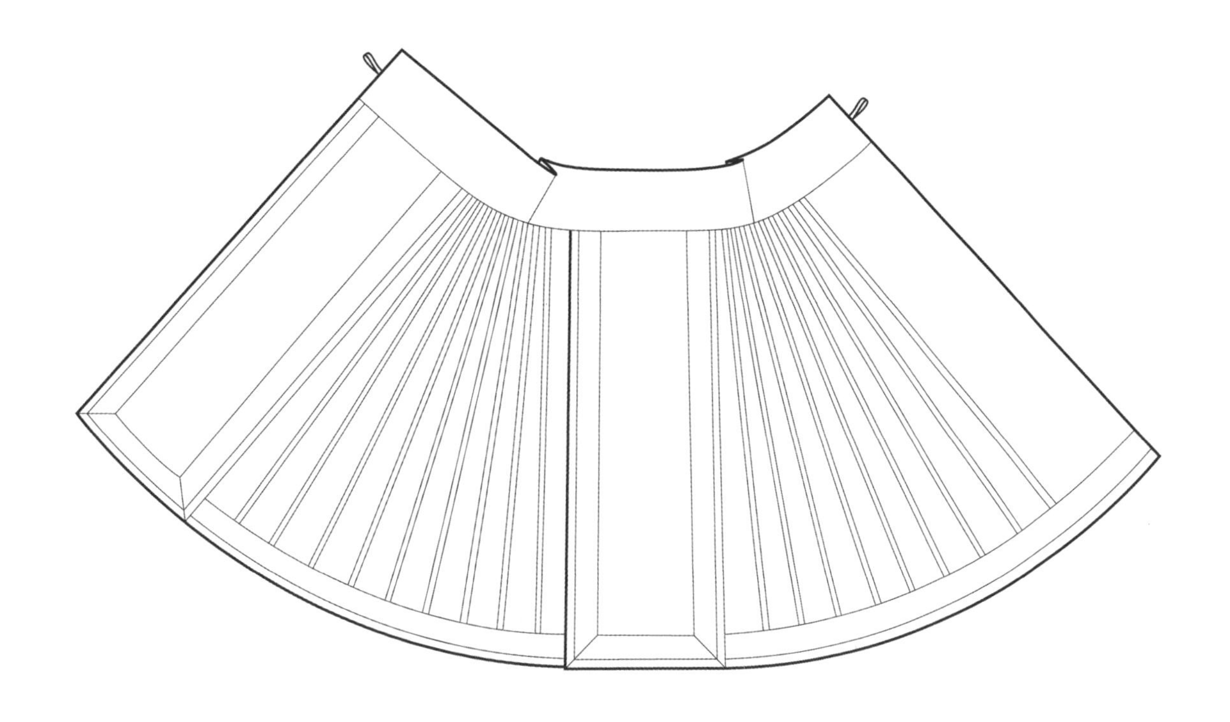

本件马面裙为黄色地瓜瓞绵绵纹花绸阑干马面裙。整体设计巧妙，造型独特，绣工精美，色彩鲜明。裙身以黄色暗花绸面料为底，裙底面料有回字纹和卷草纹凸显，增强肌理效果，上接蓝色棉布宽腰头，腰头左右两端各有一个襻，用于系结。黑色素缎面料作宽4.8cm的缘边，沿用于下摆。裙身由多块大小相等的梯形面料拼接缝制而成，形成褶裥，梯形面料之间用黑色条状阑干装饰形成立体效果。两侧裙胁分别纵向拼接九栏，内外左右共四个裙门。马面和裙胁部分的纹样由红色、绿色、蓝色、黄色等颜色组成。这件马面裙全高94.5cm，腰高16.5cm，展开后下摆宽266cm，马面宽32cm，此裙马面处绣有瓜瓞绵绵纹样。主体纹样是牡丹花，蝴蝶、梅花、莲花、瓜藤纹样围绕牡丹花纹样构成此裙马面处的装饰纹样。整体刺绣纹样描绘了一幅瓜瓞累累、茎蔓繁茂、花团锦簇、彩蝶纷飞、欣欣向荣的美好景象，寓意人丁兴旺、富贵长寿。同时使用打籽绣描绘主体纹样和蝴蝶纹样，卷针绣对牡丹和蝴蝶纹样勾勒线条轮廓，平针绣覆盖其他纹样。

2.29 黄色地蝶报富贵纹花绸阑干马面裙

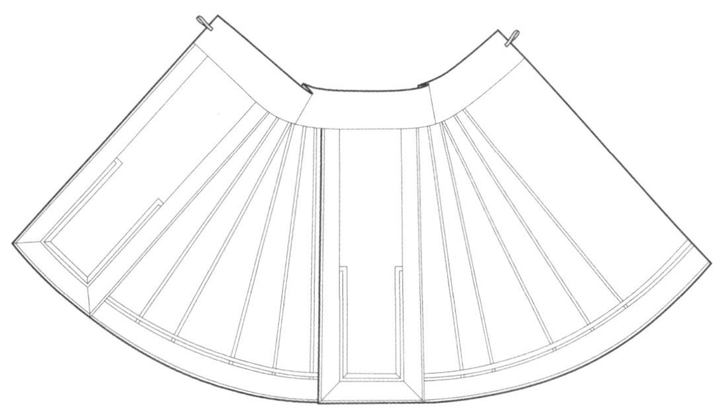

本件马面裙为黄色地蝶报富贵纹花绸阑干马面裙，裙身以黄色暗花绸面料为底，裙底面料上“四君子”纹样凸显，上接白色棉布宽腰头，腰头左右两端各有一个襻，用于系结。这件马面裙全高96.4cm，腰高12.4cm，展开后下摆宽236cm，马面宽32cm。黑色花绸作宽3.5cm的缘边，缘边上还有宽1.4cm的贴边，沿用于下摆。裙身由多块大小相等的梯形面料拼接缝制而成，形成褶裥，梯形面料之间用黑色条状阑干装饰形成立体效果。两侧裙胁分别纵向拼接五栏，内外左右共四个裙门，两侧裙胁中间各有一个褶裥。马面及下摆处缘边内侧装饰有蓝色底白色花卉的贴边，边缘还饰有黑色绲边和蓝白间隔的蝴蝶花卉刺绣镶边。马面和裙胁部分的纹样由红色、黄色、蓝色、绿色等颜色组成。此裙马面处绣有蝶报富贵纹，由两只凤尾蝶、牡丹、梅花等纹样组成。两只蝴蝶排布在两个对角上，绚丽的色彩和富有寓意的生命历程象征男女坚贞的爱情，也体现吉祥如意的美好祝福。牡丹花雍容华贵、国色天香，自古就有富贵吉祥、繁荣昌盛的寓意。蝴蝶配牡丹则是身体健康、荣华富贵的寓意。两侧裙胁处绣有不同形态的蝴蝶花卉纹样。同时使用打籽绣、绕针绣、平针绣等刺绣针法覆盖整体纹样，层次鲜明、高贵典雅。

2.30

黄色地花卉八宝纹素缎阑干马面裙

本件马面裙为黄色地花卉八宝纹素缎阑干马面裙。整裙纹样生动形象、栩栩如生，其形象灵秀多变，传达出美好的寓意，增添了吉祥、美好的附加寓意。裙身以黄色素缎面料为底，黑色素缎面料作宽4.2cm的边缘，并用于下摆。马面及下摆镶边内层饰有黑底白色花卉纹样的细绦边。裙胁上通过11条细缎将裙胁分割成大小相同的等距阑干马面裙。这件马面裙展开后下摆宽130cm，马面宽36cm，裙胁上绣有莲花、牡丹等各色花卉与蝴蝶纹样，两侧裙胁成左右对称的自然形态，马面与下摆的边缘装饰有三蓝绣纹样，绣有盘长、法轮、宝伞、法螺等“八吉祥”纹样。纹样均以线条流畅的飘带环绕着，形成统一且有秩序的视觉感受，象征好运的到来。八吉祥纹样的主要寓意为“抛开烦恼，摆脱痛苦”，象征生命生生不息。马面下半部分为三蓝绣组合纹样，中心主绣一朵牡丹，针法以打籽绣为主，绕线绣勾边，打籽细密整齐，制作工艺精湛。牡丹周围绣有莲花、菊花、梅花构成的缠枝四季花纹样，寓有“富贵长寿连绵不断”的吉祥意义。四个角上绣有花瓶、宝伞、法螺等纹样。整体三蓝纹饰用白到深蓝五色过渡，色彩过渡节奏自然。

2.31 棕色地蝶恋花纹素缎阑干马面裙

本件马面裙为棕色地蝶恋花纹素缎阑干马面裙。裙身及装饰保存完整，色泽沉稳，总体风格稳重大气。裙身以棕色素缎面料为底，上接蓝色棉布腰头，蓝色素绸面料作缘边，并用于下摆。裙身由前后2个马面以及马面两侧的若干裙片合成的裙胁组成，马面处有2层不同粗细的缘饰。裙身两侧由5块布片拼接而成，每一个接缝都有黑色的缘饰。此裙马面处绣有蝴蝶以及红蓝两色的牡丹，主体纹样的空隙被花草纹样填充。其中牡丹分布在画面的四角、中心和两侧处，蝴蝶分布在中心花朵的左方和下方，四周的牡丹和花草纹样使用平绣的工艺，中间的花朵纹样使用打籽绣工艺。整体纹样以蓝色和红色为主色系，并以些许的绿色和白色作点缀。牡丹纹样寓意着吉祥富贵，蝴蝶纹样寓意着福气和长寿，而蝶恋花题材寓意甜蜜的爱情和美满的婚姻。此裙综合运用多种纹样，结合织造显花工艺，整体传达出吉祥的寓意。

2.32 白色地花开富贵纹素缎阑干马面裙

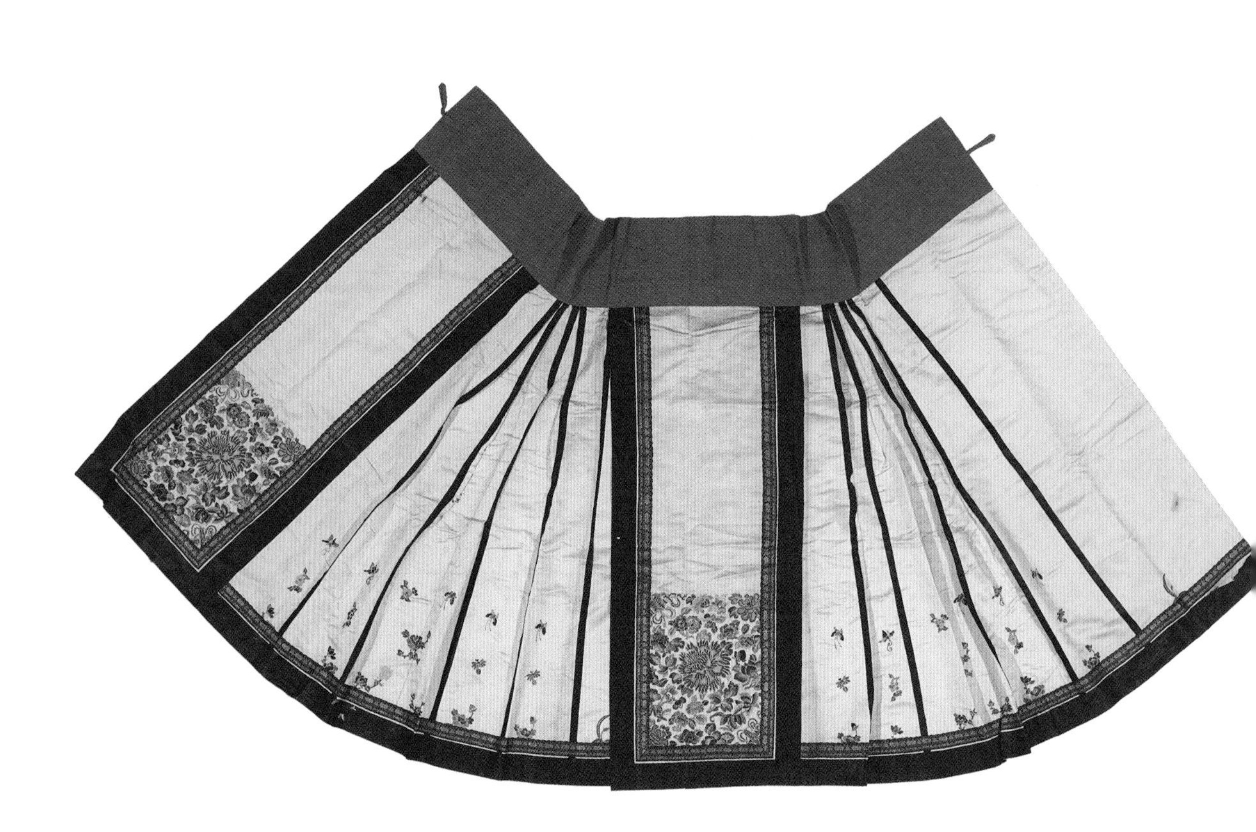

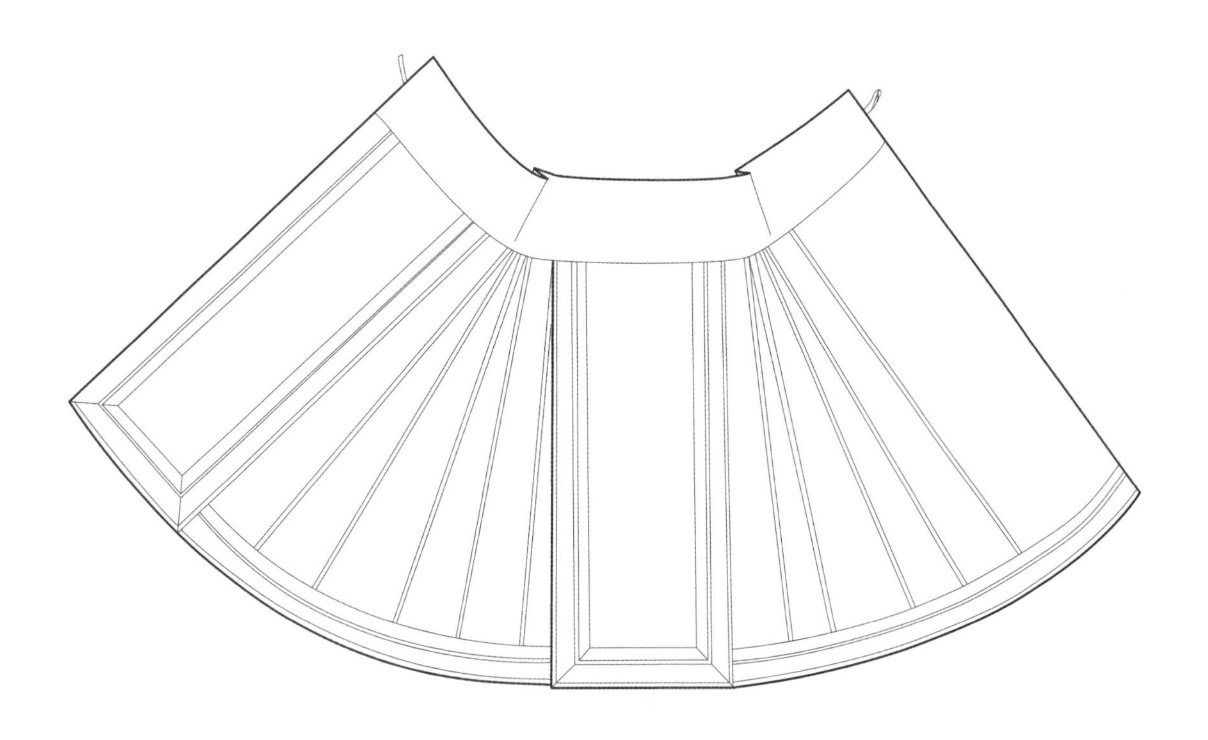

本件马面裙为白色地花开富贵纹素缎阑干马面裙。裙身色彩搭配清新雅致，纹饰造型纤细灵动，刺绣针法精细，纹样内容寓意美好。裙身以白色素缎面料为底，上接蓝色棉布腰头，左右各有一个襻，用于系结。黑色素缎面料作宽缘边，并用于下摆边缘。前后马面及下摆处缘边内侧饰黑底淡色莲花纹织花细绦边。两侧裙胁分别由黑色缎条阑干纵向拼接为五栏，中间一栏间距较宽，左右四栏相同，每栏都绣有五彩花卉，上方飞舞蝴蝶。马面下半部分为花卉与八宝组合的主题纹样，主体部分以红、蓝、绿色为主色，打籽绣与平绣技法相结合，绣以莲花、牡丹、梅花、雏菊等各色花卉，打籽绣表现花头，平绣表现叶脉。花纹的籽与籽排列均匀有序，大小一致。打籽绣的边缘辅以白色绞线绣来表现外轮廓，使纹样更加坚固耐磨，立体感强。颜色十分靓丽丰富。纹样左上角与右下角分别绣以宝扇、宝伞吉祥纹样，具有吉祥如意、平安长寿、祛病消灾以及寄托了百姓对美好生活的祝愿。整裙针法细腻，纹样内容寓意美好，布局规整，画面均衡美观。

2.33

白色地福寿三多纹花绸阑干马面裙

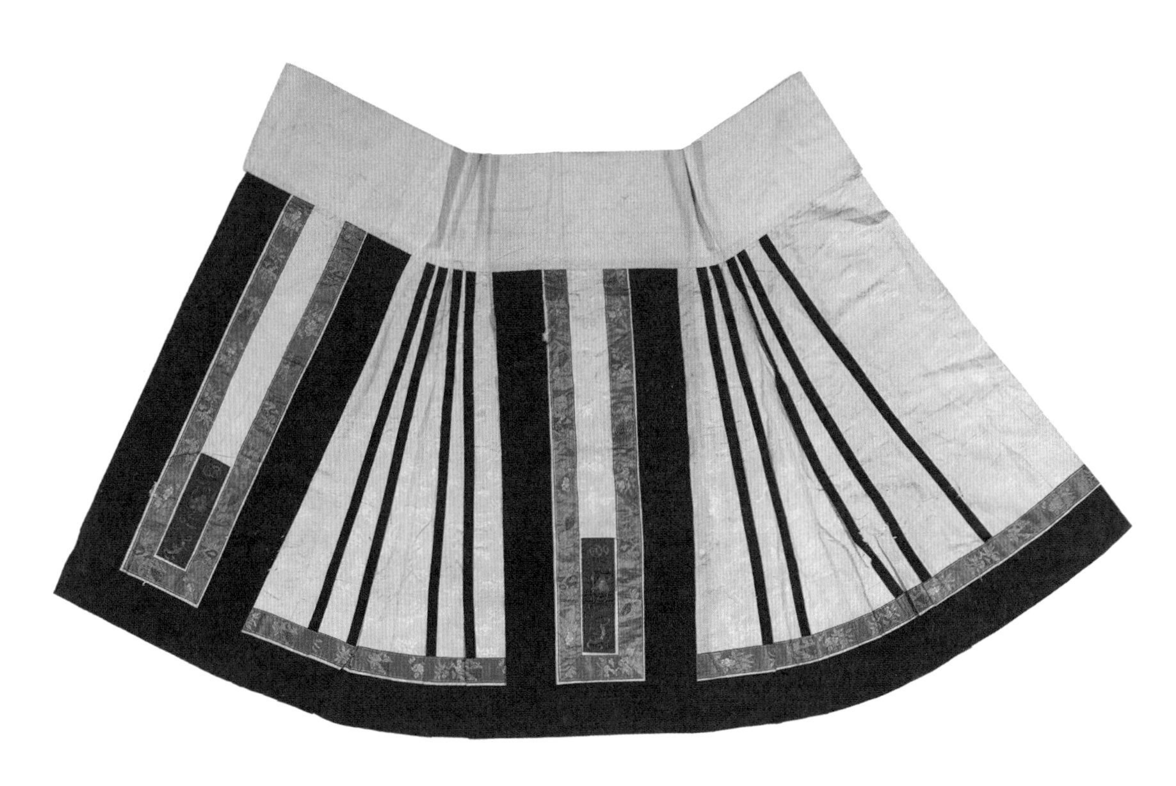

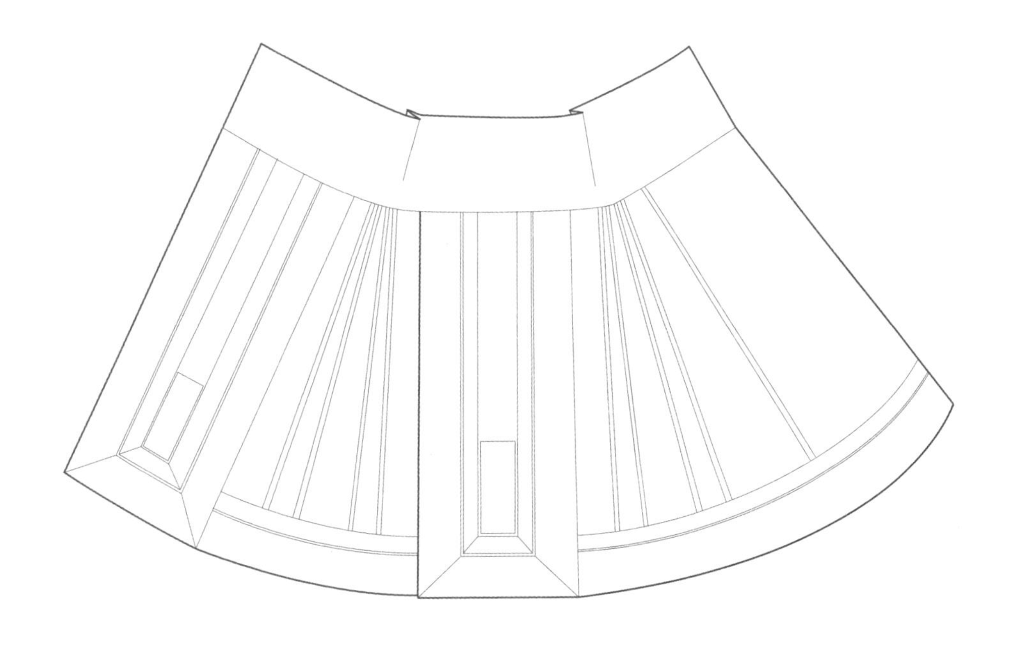

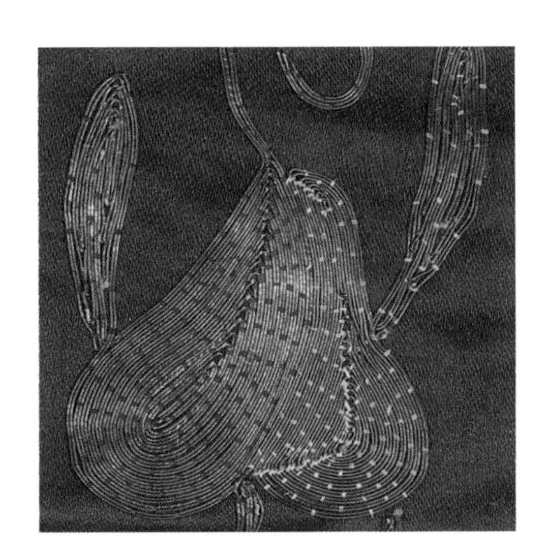

本件马面裙为白色地福寿三多纹花绸阑干马面裙。此条马面裙纹样栩栩如生、灵动多变，整体风格清新典雅。裙身以白色提花纱为底，上有蝴蝶、石榴、寿桃等植物花卉提花纹样，上接白色棉布腰身，黑色素缎面料作宽10cm的缘边，并用于下摆。这件马面裙全高105cm，腰高21cm，展开后下摆宽123cm，马面宽36cm，在裙门与下摆边缘内侧使用玫瑰红基底绣纹缎带进行装饰，丰富了裙子的层次。裙身两侧阑干成左右对称的自然形态，两侧裙胁分别纵向拼接为五栏。马面与下摆内侧的缎带上绣有石榴、佛手、寿桃的三多纹纹样，寓意“多子多福”。马面下半部分缝贴有一块深蓝色素缎面料，其上以盘金绣针法绣有古钱、寿桃、蝙蝠纹样，寓意“福在眼前，福寿绵绵”。配色为金色与绿色，低调富贵。

2.34
米色地凤狮花卉纹花绸阑干马面裙

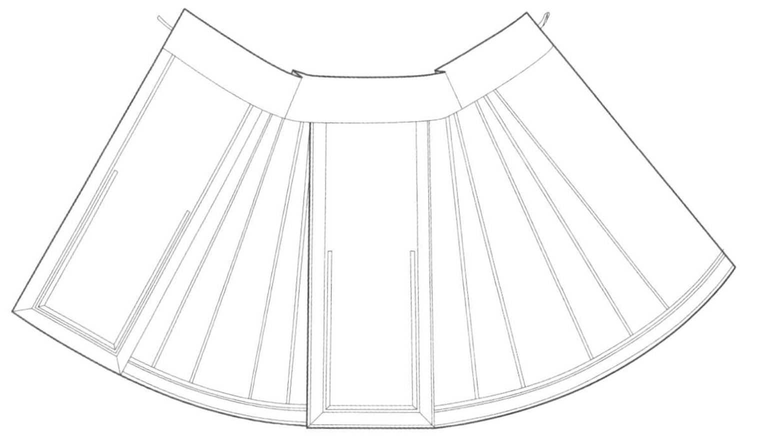

本件马面裙为米色地凤狮花卉纹花绸阑干马面裙。整裙绣有多种祥瑞元素，纹样栩栩如生，丰富多彩。刺绣工艺精湛，颜色搭配丰富且饱和度高。裙身以米色花绸面料为底，织物纹样为宝扇、葫芦、横笛等暗八仙纹组合云纹，颇为生动。裙身与蓝色棉布腰头拼接，黑色素缎面料作宽3.8cm的缘边。这件马面裙全高95cm，腰高15cm，展开后下摆宽131cm，马面宽33cm，两侧裙胁分别由黑色缎条阑干纵向拼接为五栏，中间一栏间距较宽，左右四栏相同。每栏都绣有各色花卉。内外马面及下摆处缘边内侧饰蓝色素缎镶绲边、1cm宽黑地织花纹细缘边，绣有包括盘长、法轮、宝伞、法螺、白盖等的“八吉祥”纹样。“八吉祥”纹样的八种吉祥的标志被认为是象征佛教威力的八种物象，因为都是吉祥之物，民间借用其创造出象征一切美好的八吉祥纹样。马面下半部分为组合刺绣纹样，中心主绣一朵牡丹，粉、绿、蓝色系颜色搭配，针法以打籽绣为主，卷线绣勾边，打籽细密整齐，制作工艺精湛。纹样上方两角以打籽绣绣有两只凤凰，以凤凰、牡丹为主题的纹样称为“凤穿牡丹”“凤戏牡丹”或“牡丹引凤”，象征着吉祥如意、富贵荣华，表达了人们对美好爱情、幸福生活的向往。纹样下方绣有双狮戏绣球，生动形象。

2.35 蓝色地富贵平安纹花绸阑干马面裙

本件马面裙为蓝色地富贵平安纹花绸阑干马面裙。裙身及装饰保存完整，色泽沉稳，总体风格稳重大气。裙身以蓝色花绸面料为底，上接白色棉布腰头，黑色素绸面料作缘边。此裙由前后两个马面及马面两侧的若干裙片组成的阑干组成，裙身两侧由五块布片拼接而成，每一个接缝都有黑色的缘饰。马面处纹样由插在花瓶上的牡丹、左侧的仙鹤以及右上的鸟雀组成，中间的瓶子上有蝙蝠纹样，其他地方被花草纹样填充。整体采用了平绣工艺，以蓝色和红色为主色，并用绿色和黑色作为点缀色。花草纹样在纹样中有着“吉祥祥瑞”的寓意，牡丹纹样寓意着吉祥富贵，百合纹样寓意着百年好合、诸事顺心。牡丹是富贵的象征，花瓶则取其音寓意平安，蝙蝠谐音“福”，有着“福从天降”的寓意，同时又寓意着“遍福”，意思是希望这种福气可以一直绵延下去，子子孙孙都能吉祥富贵平安。“仙鹤”纹样寓意着“长寿、财富、平安、吉祥”。此裙综合运用多种纹样，结合织造显花工艺，整体传达出吉祥的寓意。

2.36 蓝色地蝶报富贵纹素缎阑干马面裙

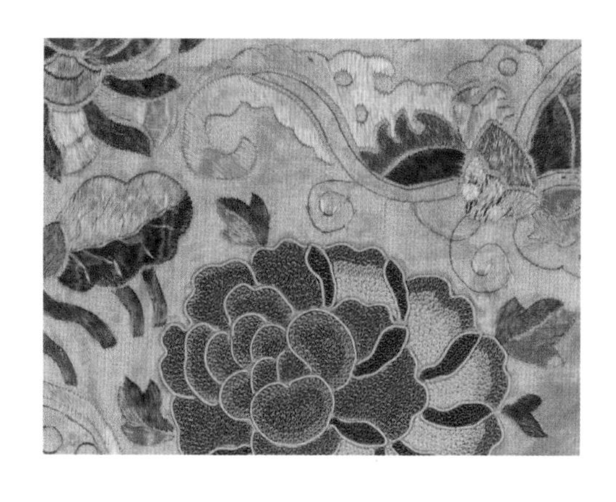

本件马面裙为蓝色地蝶报富贵纹素缎阑干马面裙，裙身以蓝色素缎面料为底，上接白色棉布腰头，左右两端各有一个襻，用于系结。黑色素绸面料作宽1.5cm的缘边，并沿用于下摆。裙身由多块大小不一的梯形面料拼接缝制而成，形成褶裥效果，梯形面料之间用黑色条状阑干装饰形成立体效果。这件马面裙全高93.4cm，腰高13.4cm，展开后下摆宽231cm，马面宽28cm，为一片式裙，且两侧裙胁中间各一个褶裥和系带。马面及下摆处缘边内侧饰有黑色镶边与白色底蓝色二方连续纹样的贴边装饰。马面和裙胁部分的纹样由红色、绿色、黄色、棕色等颜色组成。此裙马面处绣有蝶报富贵纹样。独立的蝴蝶纹样通常有“长寿”的寓意，而两只蝴蝶纹样则象征夫妻长寿、白头偕老。蝴蝶、牡丹花与莲花纹样搭配，寓意吉祥如意、荣华富贵。裙胁处绣有栩栩如生的蝴蝶花卉纹样，整体布局错落有致，丰富多彩。同时结合了平针绣、打籽绣和绕针绣工艺，做工精细，色彩丰富。

2.37 蓝色地仕女游园纹花绸阑干马面裙

本件马面裙为蓝色地仕女游园纹花绸阑干马面裙。整裙制作工艺精湛，色彩搭配和谐，纹样内容寓意美好。裙身以蓝色暗花绸面料为底，上接白色棉布腰头，左右两端各有一个细带，用于系结，黑色素缎面料作宽缘边，并沿用下摆边缘。两侧裙胁分别由黑色缎条阑干纵向拼接为五栏，中间一栏间距较宽，左右四栏相同。前后马面及下摆处缘边内侧饰黑素缎镶绲边、白色地蓝织花纹细绦边。织物纹样为宝扇、葫芦、横笛等暗八仙纹组合云纹，颇为生动。暗八仙与云纹进行组合搭配，具有吉祥美好的寓意。此裙马面处绣有仕女游园四季花纹样，并搭配有荷花、梅花、菊花纹样，配色以蓝色、紫色、红色为主。整体刺绣纹样描绘了一幅春意盎然、悠闲惬意、生机活力的美好景象。同时使用平针绣勾勒主体纹样、盘金绣覆背景部分。装饰工艺为平绣与盘金绣的结合。

2.38 蓝色地暗八仙枝纹花绸阑干马面裙

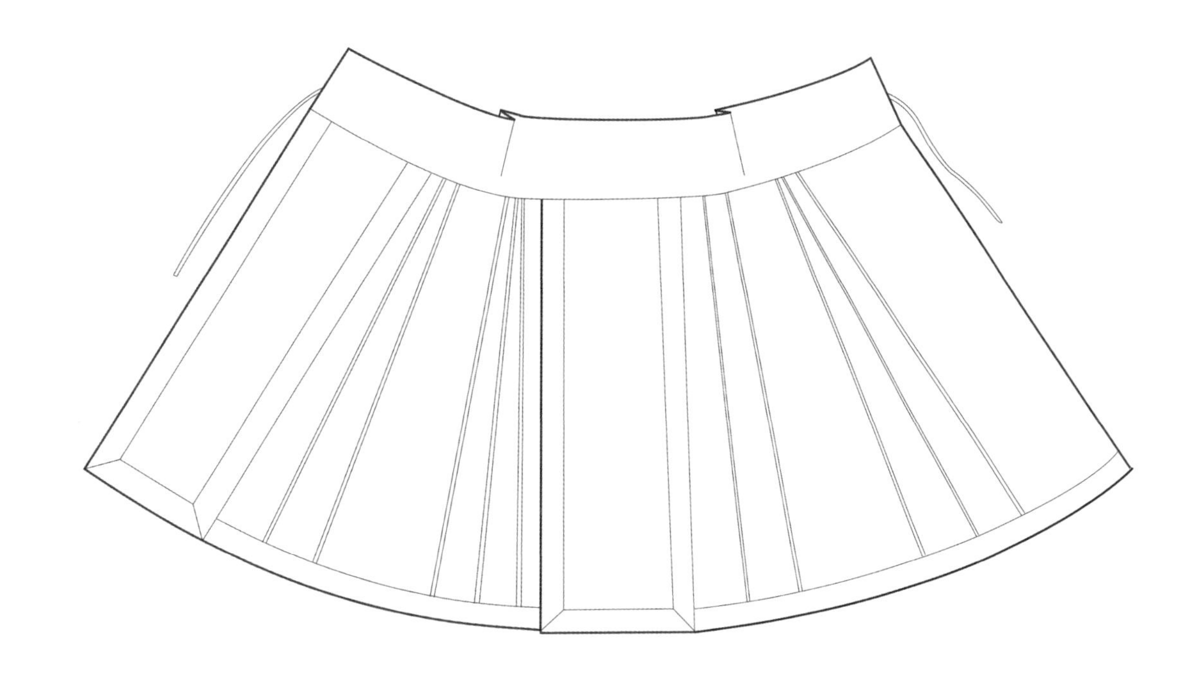

本件马面裙为蓝色地暗八仙枝纹花绸阑干马面裙。整体风格简洁大方，纹样内容寓意美好。裙身以提花绸面料为底，上接蓝色棉布腰头，黑色素缎面料作缘边，并用于下摆。两侧裙胁分别由黑色缎条阑干纵向拼接为五栏，中间一栏间距较宽，左右四栏相同。两边各有一个细带，用于系腰。织物纹样为宝扇、葫芦、横笛等暗八仙纹，并于云纹组合，颇为生动。八种法器配上单层飘带，单个法宝以单独纹样出现在空白处，配上线条流畅且形式均衡的飘带，有一种仙气缭绕之感。画面结构饱满，安排巧妙，对应而平衡，给人以满足的感觉。暗八仙与云纹组合搭配，具有吉祥美好的寓意。暗八仙已经不仅仅具有祈福的功能，还具有吉祥如意、平安长寿、祛病消灾以及寄托了百姓对美好生活的祝愿。

2.39

绿色地出水花枝纹花绸阑干马面裙

本件马面裙为绿色地出水花枝纹绸阑干马面裙。整裙纹样生动形象、栩栩如生，其造型纤细灵动、布局规整。裙身色彩搭配稳重雅致，以绿色暗花绸面料为底，织物纹样以花草纹与万字纹结合，裙上接白色棉布腰头，腰头两端各有一个襻以系之。黑色素缎面料作宽1.5cm的边缘，并用于下摆边缘。两侧裙胁处由8片梯形裁片缝合而成，缝上以黑色花边作缘饰。这件马面裙全高96cm，腰高15cm，展开后下摆宽162cm，马面宽26.5cm。马面部分的纹样绣有粉色、紫色的莲花，从水波纹里缠绕伸出，视觉效果自下向上衍生，花型饱满完整，穿插自然生动，具有很强的装饰效果。宋代周敦颐《爱莲说》中写道："予独爱莲之出淤泥而不染，濯清涟而不妖……莲，花之君子者也。"奠定了莲花"花中君子"的地位。刺绣颜色以粉、紫、绿色为主，与面料颜色和包边条颜色完美搭为一体，整体颜色素朴舒适，给观者清新淡雅之感。

2.40 绿色地瓜瓞绵绵纹花绸阑干马面裙

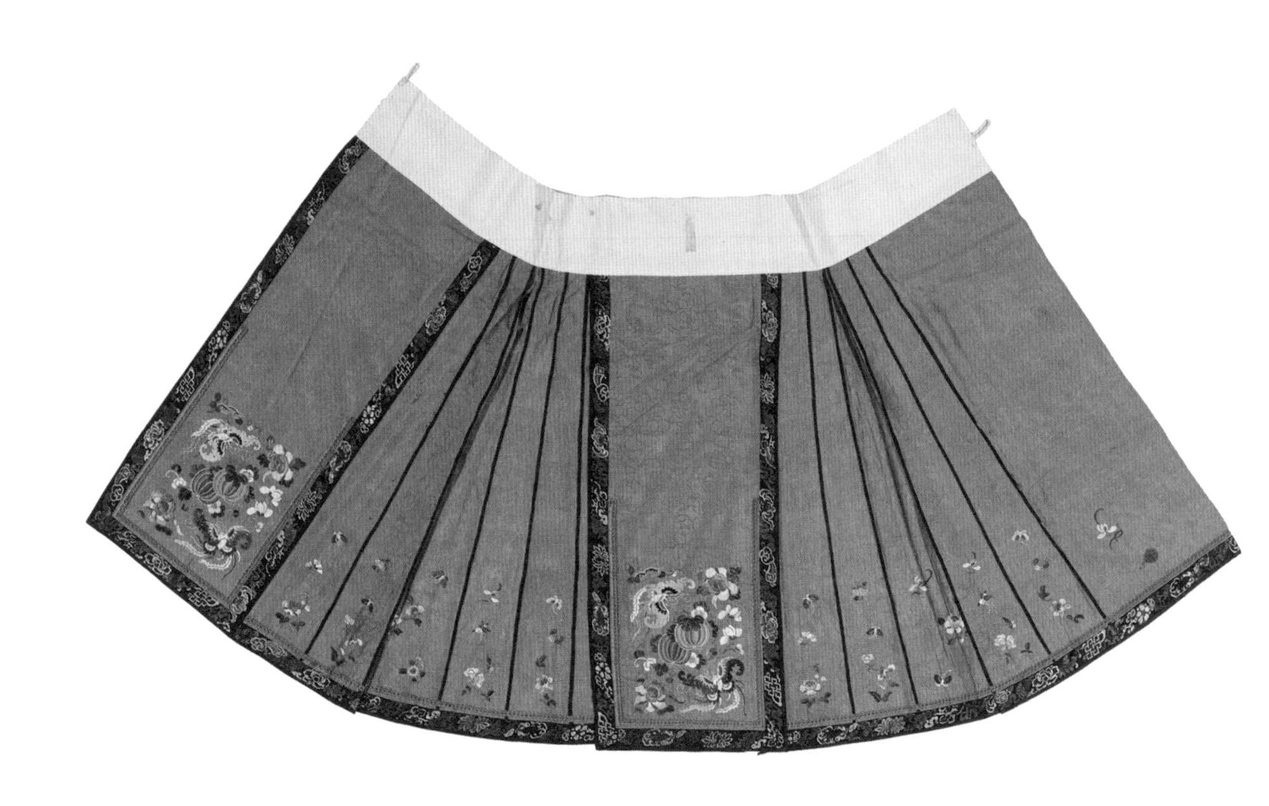

本件马面裙为绿色地瓜瓞绵绵纹花绸阑干马面裙，裙身以绿色地暗花绸面料为底，四君子纹样作为底纹，四君子纹样分别为梅、兰、竹、菊，在中国传统寓意中被赋予高洁坚贞的品质。马面裙上接白色棉布腰头，黑色素绸面料作宽缘边，并用于下摆。裙身由多块大小不一的梯形面料拼接缝制而成，梯形面料之间用黑色条状阑干装饰形成立体效果。两侧裙胁分别纵向拼接五栏，同时中部各有一个褶裥，前后左右共四个裙门。马面及下摆缘边内侧饰有1cm左右橘色底蓝色花卉的二方连续纹样细绦边，边缘处饰有3cm左右的镶绲边。马面和裙胁部分的纹样由蓝色、黄色、红色等颜色组成。此裙马面处绣有绵绵瓜瓞、牡丹花、莲花和玉兰花纹样。瓜瓞绵绵纹样由蝴蝶和瓜藤纹样组成。两者结合寓意子孙万代连绵不绝、福祉长久。裙胁处竖向排列着不同形态的蝴蝶花卉纹样；马面黑色缘边处绣有蓝白相间的蝙蝠、盘长结、牡丹等纹样，整体布局恰当、生动形象。同时结合了打籽绣、三蓝绣、平针绣、卷针绣工艺，使肌理丰富多样，色彩搭配和谐。

2.41 绿色地蟒凤纹素缎阑干马面裙

本件马面裙为绿色地蟒凤纹素缎阑干马面裙，裙身以绿色素缎面料为底，上接黄色棉布宽腰头，腰头左右两端各有一个襻，用于系结。织金面料作宽缘边，并用于下摆。裙身由多块大小相等的梯形面料拼接缝制而成，梯形面料之间用金色条状阑干装饰形成立体效果。两侧裙胁分别纵向拼接八栏，前后左右共四个裙门。马面及下摆处缘边内侧饰有金色镶绲边。裙胁处也竖向排列着不同的花藤纹样，有雏菊、莲花、兰花、牡丹等花卉纹样。内裙门处单独绣有一株兰花纹样。整体纹样丰富多彩、栩栩如生、生动传神。马面和裙胁部分的纹样由蓝色、紫色、黄色等颜色组成。此裙外马面前后处分别绣有江崖海水蟒纹和江崖海水凤纹，除江崖海水纹、蟒纹、凤纹外，还绣有蝙蝠纹、云纹、八吉祥纹、火纹、牡丹花纹等，总体传达出了四海升平、荣华富贵、吉祥幸福的美好寓意。马面缘边处还绣有莲花纹、牡丹纹、兰花纹与回字纹组合的二方连续纹样。同时结合了盘金绣与茎针绣两种刺绣工艺，刺绣技艺超群，色彩高贵华丽。

2.42 绿色地暗八仙纹花绸阑干马面裙

本件马面裙为绿色地暗八仙纹花绸阑干马面裙，以绿色花绸面料为底，底布莲花、牡丹、竹叶纹样凸显，既细致又丰富，上接黑色素缎面料窄腰头，马面及下摆处缘边内侧饰有1cm左右黄色底粉色花卉的二方连续纹样细绦边，边缘处饰有3cm左右的镶绲边，黑色素绸面料作宽缘边，并用于下摆。裙身是由多块大小不一的梯形面料拼接缝制而成，形成上小下大的结构，没有褶裥，梯形面料之间用黑色条状阑干装饰形成立体效果。两侧裙胁分别纵向拼接五栏，前后左右共四个裙门。马面和裙胁部分的纹样由红色、蓝色和黄色等颜色组成。此裙马面处的暗八仙纹样有团扇纹和花篮纹，花篮纹里主要有牡丹、菊花、梅花、兰花、灵芝、仙桃纹样。暗八仙纹样具有吉祥纳福之意，而花篮纹样还有“一揽富贵”的吉祥寓意。裙胁处竖向排列着不同形态的蝴蝶花卉纹样。马面黑色缘边处绣有兰花和牡丹纹样，整体排布紧密自然，纹样生动形象。运用打籽绣、盘金绣、三蓝绣、平针绣工艺，做工平整精细，配色和谐统一。

2.43 绿色地喜上枝头纹花绸阑干马面裙

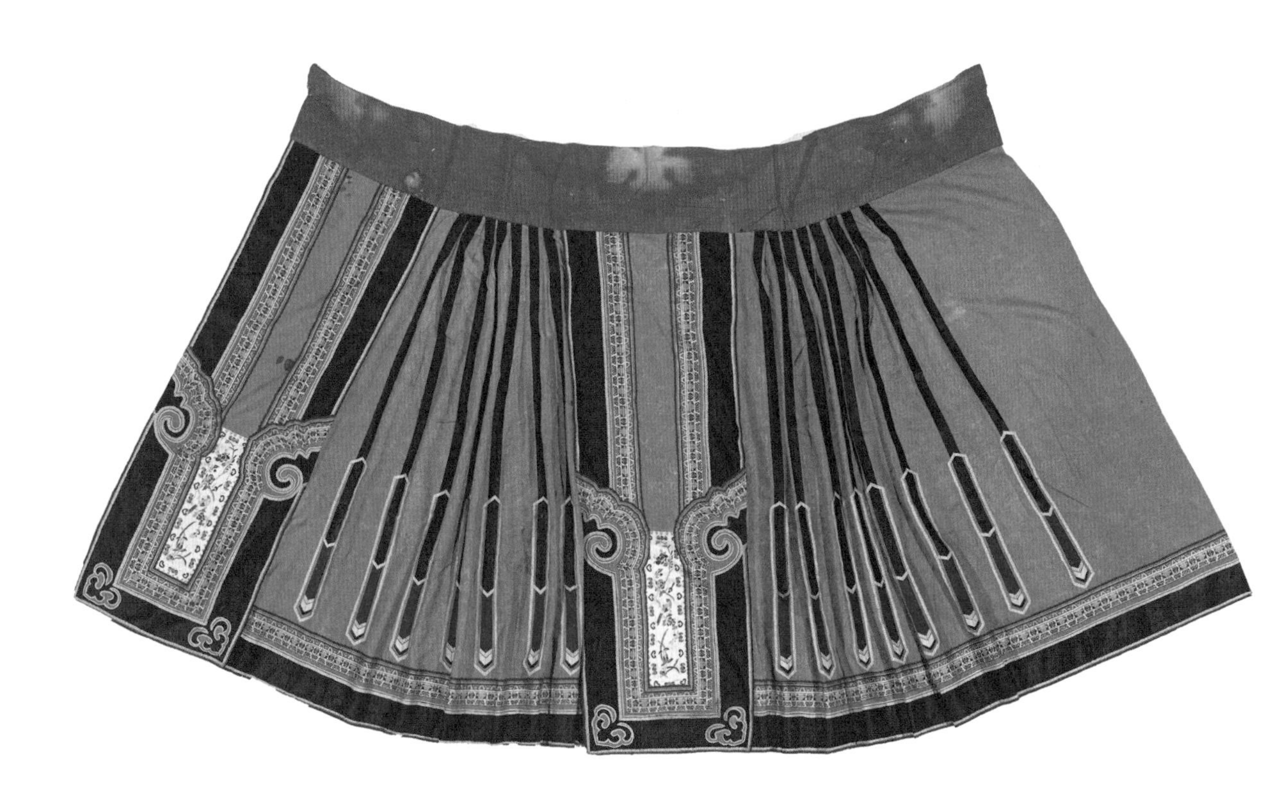

本件马面裙为绿色地喜上枝头纹花绸阑干马面裙，裙身以绿色花绸面料为底，上接红色棉布腰头，黑色素绸面料作缘边，并沿用于下摆。裙身为前后两块马面以及两侧若干裙片组成的阑干，裙身及装饰保存完整，色泽沉稳，总体风格稳重大气。前后两块马面有如意头装饰，由紫色、深绿色、浅绿色、红色和黑色组成。如意头装饰的两侧填充了各式各样的几何形纹饰，在马面的底部两侧有云状装饰。裙身两侧分别有八道活褶，褶中间有一条黑色的装饰带，在装饰带下方有上下尖锐的浅色装饰格，装饰格中间有分割，使原本的装饰条变成蓝色。此裙纹样主要有树枝、花朵、树叶以及树枝上站立的喜鹊，其中主体元素从中间向上下延伸，并在纹样的边缘处有整齐排列的花草纹样作为装饰。整体采用了平绣的工艺，以蓝色和绿色为主色，并以些许的红色作点缀。纹样雀上枝头寓指近来好事将至，是大吉大利的象征。此裙综合运用显花工艺，传达出吉祥的寓意。

2.44 绿色地蝶报富贵纹素缎阑干马面裙

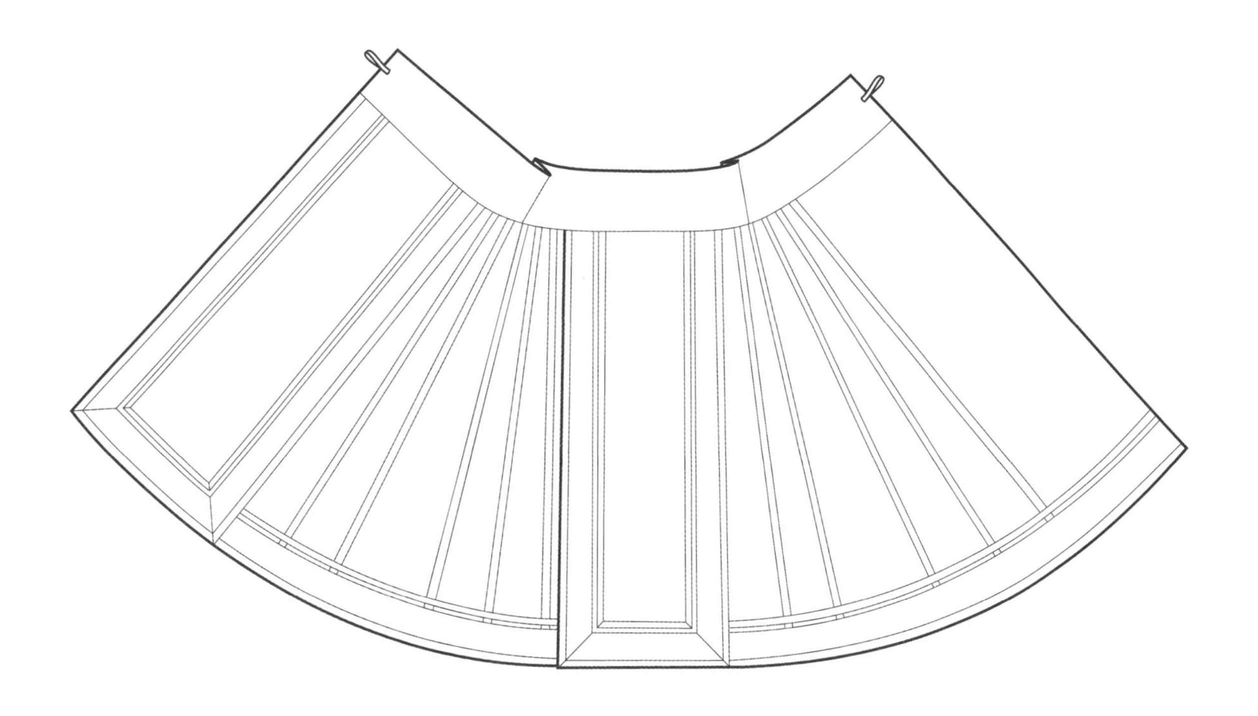

本件马面裙为绿色地蝶报富贵纹素缎阑干马面裙，裙身以暗绿色素缎面料为底，上接黄色棉布宽腰头，腰头两端各有一个襻，用于系结。黑色素绸面料作宽缘边，并用于下摆。阑干马面裙以马面为纵向的中轴线，裙身两侧的阑干形成左右对称的自然形态，呈现出庄重、严谨、对称的穿着效果。两侧裙胁分别纵向拼接五栏，马面及下摆缘边内侧饰有米色地粉色花卉细绦边和黑色的镶绲边。两边的裙幅由多块大小不一的梯形面料拼接缝制而成，没有褶裥。马面和裙胁部分的纹样由蓝色、绿色、黄色和红色等颜色组成。此裙马面处绣有蝶报富贵纹样，主要由凤尾蝶和牡丹花组成，一双凤尾蝶呈对角排列，牡丹花居于中间，周围还环绕有莲花、兰花、菊花等纹样。其中凤尾蝶上富有创意地填充了兰花、菊花、佛手、仙桃等纹样。蝴蝶代表美好的事物，牡丹花象征着富贵、追求，二者结合则象征爱情美好、富贵花开。在裙胁处绣有竖向排列着不同形态的蝴蝶花卉纹样，如兰花、梅花、菊花纹样，纹样写实生动，寓意美好。同时结合了打籽绣、平针绣、三蓝绣和绕针绣工艺，绣工精致，色彩明亮鲜艳。

2.45 蓝色地蝶恋花纹花绸阑干马面裙

本件马面裙为蓝色地蝶恋花纹花绸阑干马面裙，裙身以蓝色暗花绸面料为底，上接白色棉布窄腰头，腰头左右两端各一个襻，用于系结。黑色素绸面料作宽缘边，并用于下摆。马面及下摆处缘边内侧饰有黑色镶绲边。裙身由多块大小不一的梯形面料拼接缝制而成，梯形面料之间用黑色条状阑干装饰形成立体效果。两侧裙胁分别纵向拼接五栏，内外左右共四个裙门。此裙马面处绣有蝶恋花纹样和南瓜纹，花卉纹里主要有牡丹和梅花纹样。蝶恋花描述的是蝴蝶依依不舍的依附在牡丹花上的景象，象征爱情美好，富贵花开。裙胁处也竖向排列着不同形态的蝴蝶花卉纹样，有菊花、水仙花、兰花、牡丹、梅花等花卉纹样，整体纹样丰富多样，生动传神。同时使用了平针绣工艺，做工平整细致，色彩端庄素雅。马面裙底凸显缠枝牡丹花纹样和蝴蝶纹样，与马面处的纹样互相呼应，恰到好处。

2.46 蓝色地瓜瓞绵绵纹素缎阑干马面裙

本件马面裙为蓝色地瓜瓞绵绵纹素缎阑干马面裙。整体大气端庄，色彩搭配醒目和谐，纹样生动写实，做工精细。裙身以蓝色素缎面料为底，上接白色素缎面料腰头，黑色素缎面料作宽缘边，并沿用于下摆。马面及下摆镶绲边，内侧饰有黑底三蓝色花卉纹样的绦边，花纹有牡丹、菊花、莲花等。两侧裙胁分别由黑色缎条阑干纵向拼接为五栏，中间一栏间距较宽，左右四栏相同，裙胁上绣有五彩花卉纹样，上方飞舞蝴蝶。马面下半部分纹样以牡丹花卉、凤尾蝶及花篮为主，牡丹与花篮采用散套打籽针绣，边缘辅以白色卷针绣来表现外轮廓，使得纹样更加坚固耐磨，立体感强。左上角平绣一只凤尾蝶，色彩丰富，针法细致。右上角平绣绣以两瓜相叠，瑞瓜硕大饱满，周围少许瓜叶和藤蔓。瓜与蝶分布在纹样两侧，占比相似，具有疏密有序，均匀和谐的美感，寓意着子孙昌盛、家族兴旺，也用作庆贺丰收之意。蝴蝶于盛开的牡丹花旁中翩翩起舞，寓意蝶（迭）报富贵，佳讯频传。

2.47 蓝色地花开富贵纹花绸阑干马面裙

本件马面裙为蓝色地花开富贵纹花绸阑干马面裙。裙身及装饰保存完整，色泽沉稳，总体风格稳重大气。裙身以蓝色花绸面料为底，上接黄色棉布腰头，黑色素绸面料作缘边，并沿用于下摆。裙身由前后两个马面以及马面两侧的若干裙片组成的阑干组成，两侧由五块布片拼接而成，每一个接缝都有黑色的缘饰。此裙马面纹样主要元素为15朵牡丹花，空隙被草纹样所填充。在阑干中有着五组不同组合方式的花朵纹样和蝙蝠纹样的组合纹样。整体纹样采用了平绣的工艺，以黑色为主色。纹样中花草纹样有吉祥祥瑞的寓意，牡丹纹样寓意着吉祥富贵，被视为繁荣昌盛、美好幸福的象征。此裙综合运用多种纹样，结合织造显花工艺，整体传达出吉祥的寓意。

2.48

蓝色地山水楼阁纹花绸
阑干马面裙

本件马面裙为蓝色地山水楼阁纹花绸阑干马面裙。整体风格简洁雅致、沉稳大方，且目前保存完好。裙身以蓝色花绸面料为底，上接蓝色棉布宽腰头，左右两端各有一个襻，用于系结，黑色素绸面料作缘边，并用于下摆。裙身由多块大小不一的梯形面料拼接缝制而成，没有褶裥，梯形面料之间用黑色条状阑干装饰形成立体效果。两侧裙胁分别纵向拼接五栏，前后左右共四个裙门，中间一对阑干与两侧阑干宽度不同，为非等距型阑干马面裙。马面及下摆缘边内侧装饰有菱形纹样，边缘还饰有黑色绲边。马面和裙胁部分的纹样由黄色、绿色、白色等颜色组成。此裙前后马面和阑干之间织有“山水婷婷”织金提花装饰。该提花装饰有假山、水、亭台、云彩、松树、柳树、梅花、大雁、蝙蝠等，宛如仙境，描绘了一幅烟波飘渺、白波滚滚、云卷云舒、葱蔚洇润、山光水色的美好景象。值得一提的是，该裙所有纹样都是织造的，没有使用任何刺绣工艺。马面与裙胁处的纹样主题及表现形式在近代马面裙中属罕见。

2.49 蓝色地黑缘素缎阑干马面裙

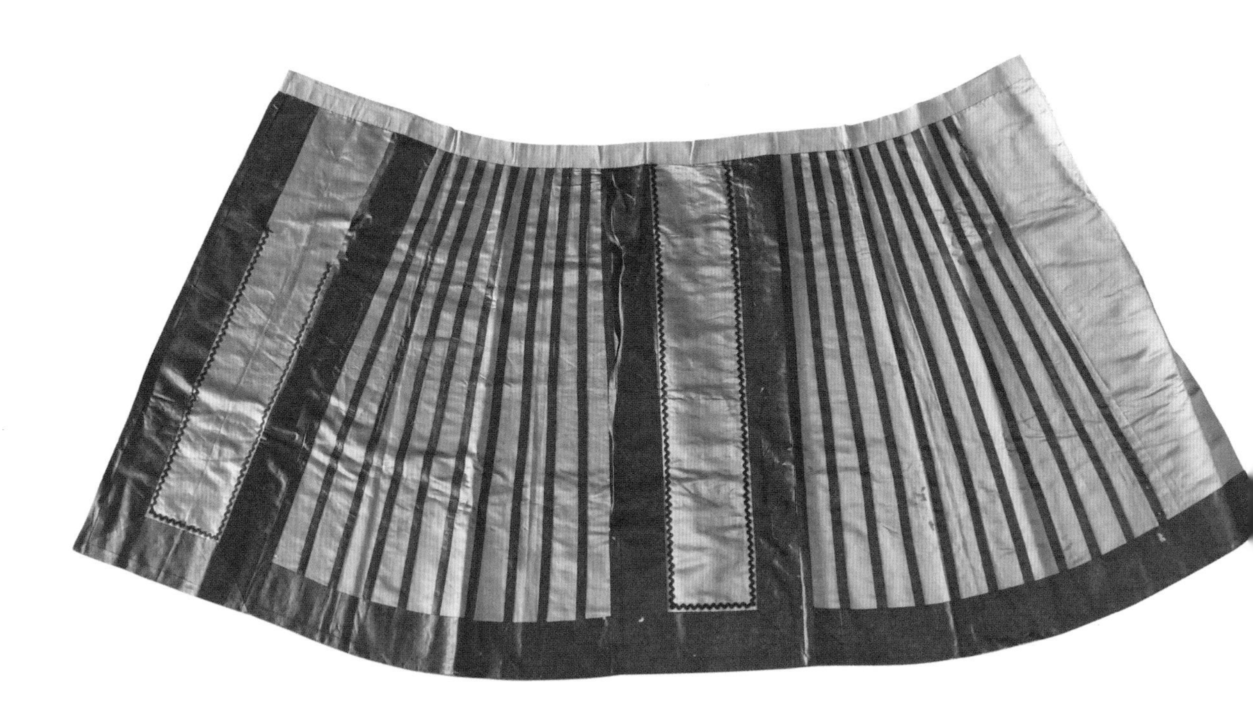

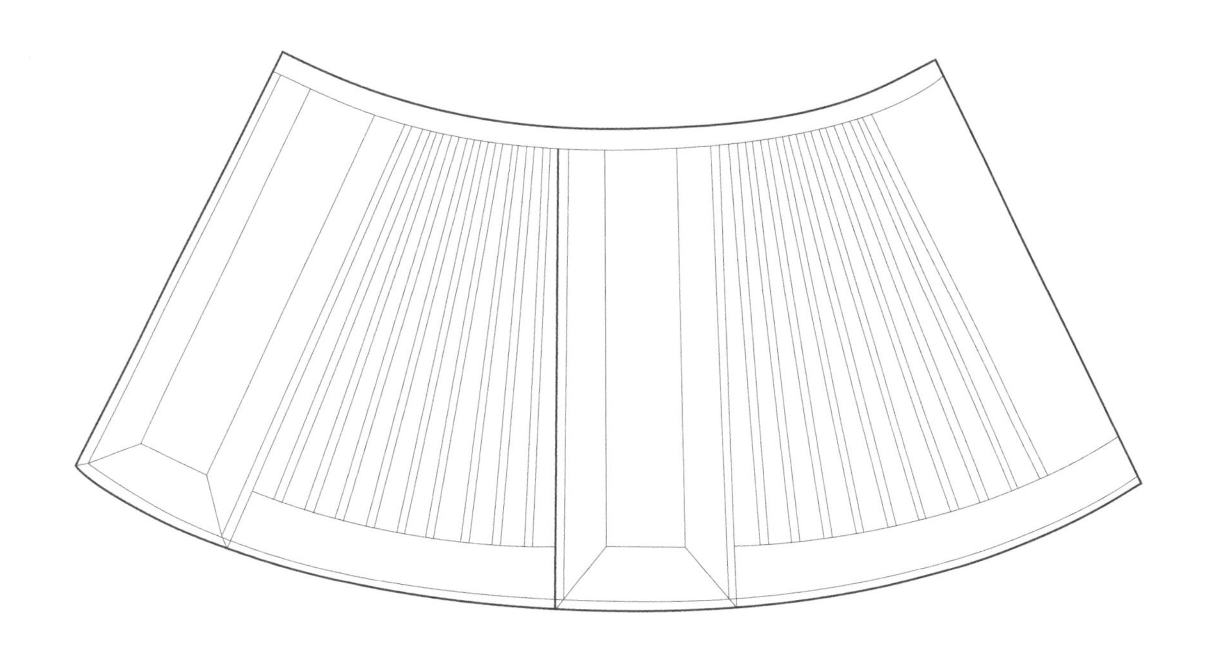

本件马面裙为蓝色地黑缘素缎阑干马面裙。整体风格大气沉稳，蓝色裙身与浅蓝色腰头搭配黑色边饰简洁和谐，更加突显朴素大方。裙身以蓝色地素缎为底，面料平滑整洁，并未织绣暗花；裙身上面拼接同色系棉布腰头，腰头内未见拼缝痕迹；裙身底摆一周和前后马面位置装有宽边黑色素缎缘饰。在马面黑色缘饰的内部绣有黑色波浪形绦边，这种绦边是用多股黑色细线编结制成较粗的线绳后再绣于裙身之上，整体呈现“凹”字形状；前身马面内部的绦边装饰由底部向上贯通至腰头，后身马面内部的绦边装饰则由底摆向上通至腰头下三分之一处，并未贯通至腰头。左右裙胁各由十条上窄下宽的“梯形”面料拼接制成，在拼接处又缝缀黑色布条装饰形成“阑干”。此裙形制清晰，色彩淡雅，绦边装饰精致独特，是品相上佳的传世阑干马面裙。

2.50 黑色地山石四季纹素纱阑干马面裙

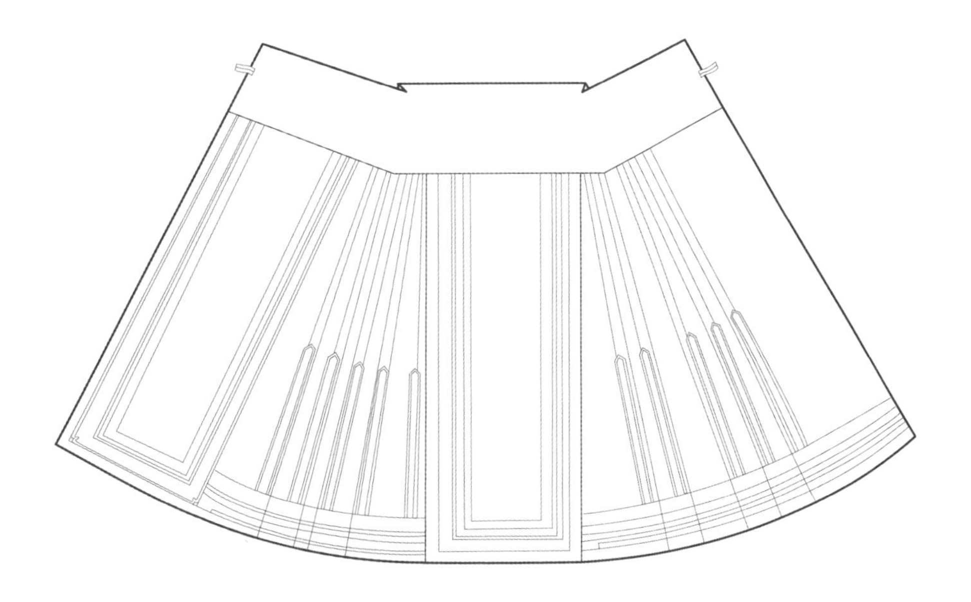

本件马面裙为黑色地山石四季纹素纱阑干裙马面裙。裙身及装饰保存完整，色泽沉稳，总体风格稳重大气。裙身以黑色纱料为底，上接黄色棉布腰头。裙身由前后两个马面以及若干裙片组成的阑干组成，蓝色素绸作约为8cm的缘边，并沿用于下摆边缘。前后两块马面有九层不同粗细的缘饰。颜色有深蓝色、浅蓝色、黑色、白色。在靠近中心的白色缘饰内填充有绿色、蓝色和紫色的卷草适合性纹样。在最内层的缘饰里侧还装饰有一条白色花边。最外层的蓝色缘饰里侧装饰了一条淡粉色的装饰条，并且在底边的转角处这条淡粉色缘饰向内弯曲从而形成了优美的弧线风格。裙身两侧由六块布片拼接而成，每一个接缝都有黑色的缘饰，每一条接缝下端约40cm处装有一条粉色缘边的蓝色宝剑头装饰条。此裙纹样为山石以及从山石中蔓延出来的菊花，其中主体纹样的右侧出来，在下方和左上方有花朵作为装饰。整体纹样采用了平绣工艺，以蓝色为主色并以些许的黄色和红色作点缀。纹样中菊花与山石的搭配体现了菊花的刚柔并济之美，并且菊花有暗指高尚的情操以及预祝飞黄腾达的含义。此裙综合运用多种纹样，整体传达出吉祥的寓意。

2.51 紫色地花开富贵纹花绸阑干马面裙

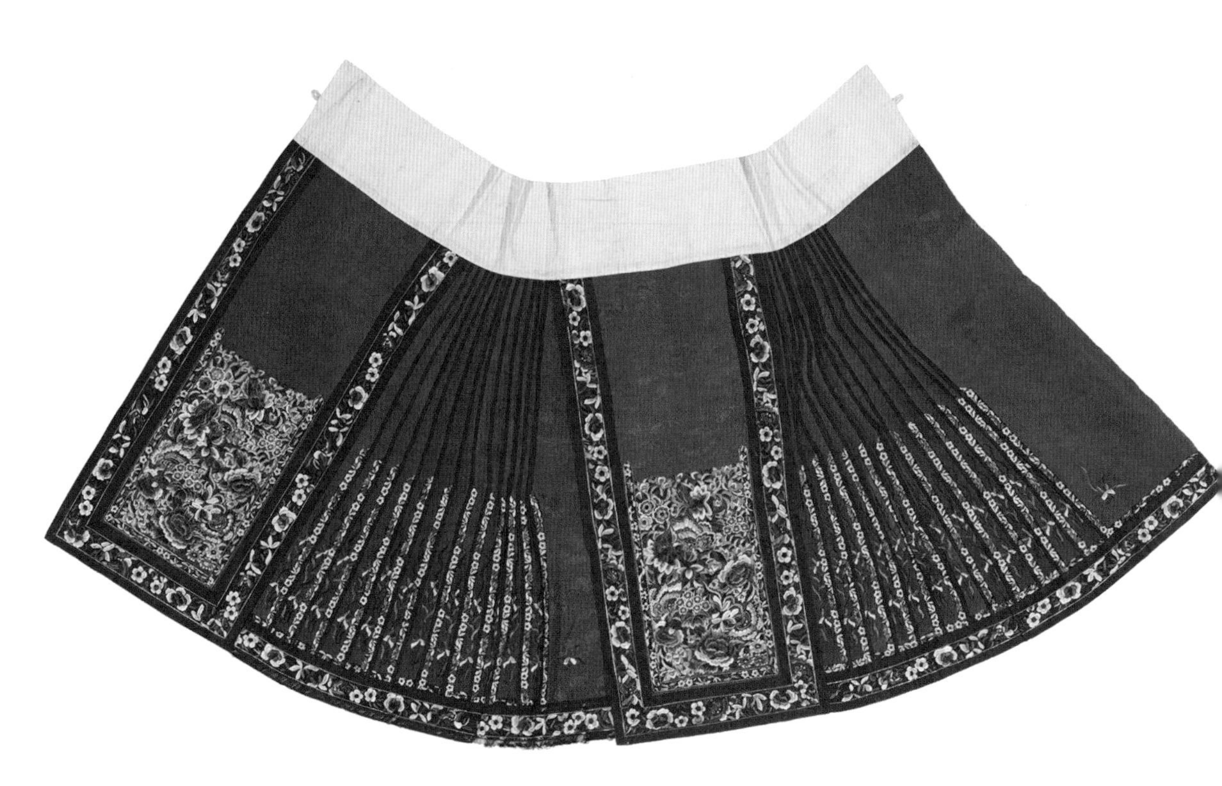

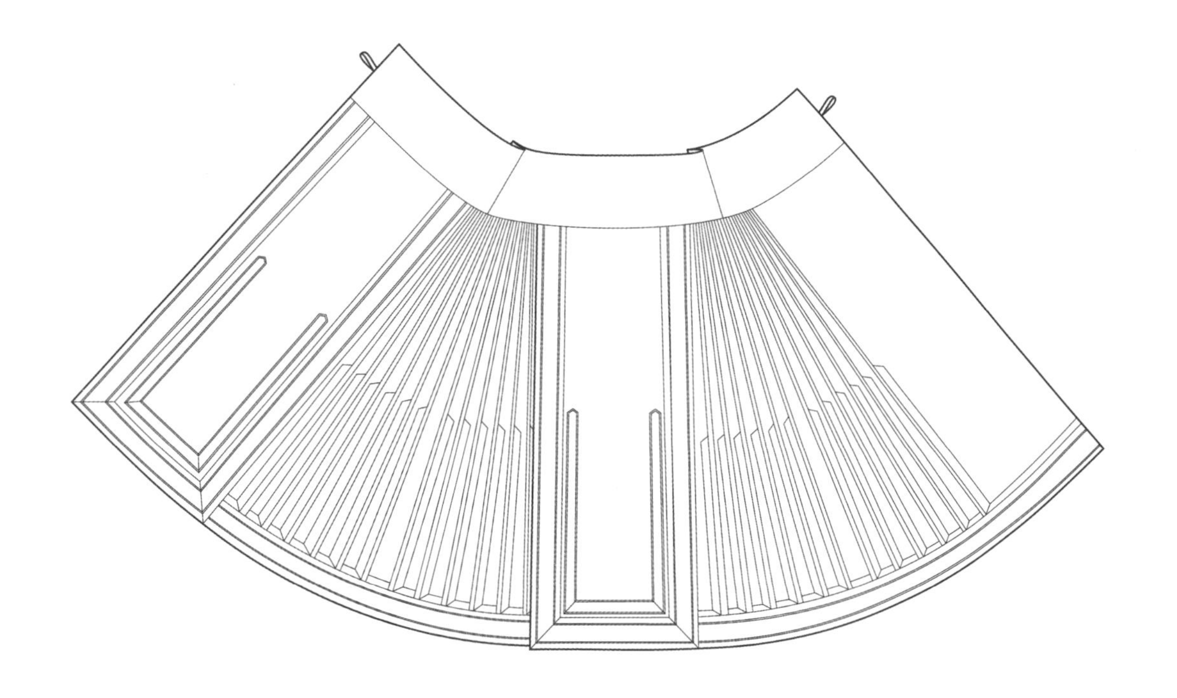

本件马面裙为紫色地花开富贵纹花绸阑干马面裙，以紫色暗花绸面料为底，底布兰花团纹、云纹、蝙蝠纹样凸显，兰花代表淡泊、高雅和坚贞不屈的品质。上接白色棉布宽腰头，黑色素绸面料作宽缘边，并用于下摆。裙身由多块大小相等的梯形面料拼接缝制而成，形成褶裥效果，梯形面料之间用黑色条状阑干装饰形成立体效果。两侧裙胁分别纵向拼接十二栏，内外左右共四个裙门。马面及下摆处缘边内侧饰有两道细小的金属色嵌条，将黑色镶边分成三个部分。两侧裙胁处条状阑干旁有左右对称各六条贴边装饰。马面和裙胁部分的纹样由蓝色、绿色、白色等颜色组成。此裙马面处绣有富贵花开纹样，有蝴蝶、牡丹花、莲花、兰花、雏菊小花等纹样组成。由于“蝴”“福”谐音、“蝶”音同“耋”的缘故，蝴蝶纹样通常有“长寿”的寓意。牡丹花、莲花和雏菊小花纹样组合，寓意富贵和美。整体寓意长寿富贵、吉祥安康。裙胁处竖向排列着兰花藤纹样。黑色阑干装饰旁的条状贴边处、马面黑色缘边处及旁边条状贴边上都绣有蝴蝶花卉纹样，整体布局相得益彰，互相呼应。同时结合了三蓝绣、平针绣、打籽绣工艺，纹样处理技法高超，栩栩如生。此裙无论是色彩、纹样，还是做工、寓意都非常适合长辈穿着。

2.52 黑色地蝶报富贵纹花绸阑干马面裙

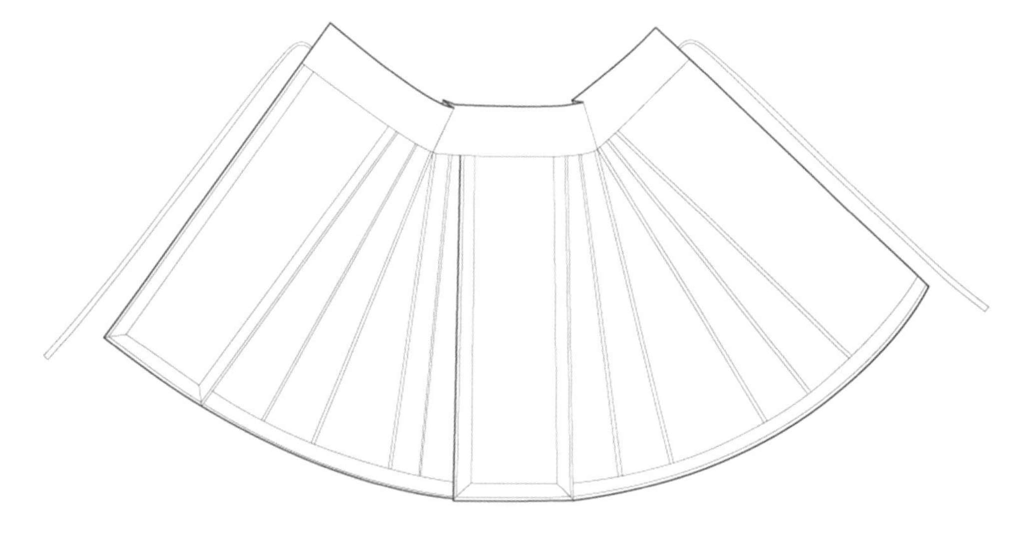

本件马面裙为黑色地蝶报富贵纹花绸阑干马面裙。整体素雅端庄，绣工精细。裙身以黑色花绸面料为底，有蝴蝶、牡丹等底纹，上接黑色棉布腰头，以黑色素缎面料作缘边，马面及下摆缘边内侧镶饰有黑底三蓝色如意云头纹、莲花纹样的绦边。此裙裙腰长114cm，裙腰高12.5cm，裙摆单边展开为142cm，马面高86cm、宽31cm。马面花型高27cm、宽21cm。嵌线将裙幅分割成大小相等的八块，左右裙胁各有一个工字褶。马面及裙摆镶边上绣有蓝白南瓜、牡丹、荷花、凤尾蝶纹样，裙胁上绣有牡丹、兰花、菊花、蝴蝶等纹样。马面下半部分为组合刺绣，以平针、打籽绣等针法在马面中间绣出一朵大红牡丹，左下角与右上角各绣一朵牡丹，对角各绣一只蝴蝶，整幅纹样为蝶报富贵纹，蝶姿生动。蝴蝶是重要的传统纹饰，有福气多多、幸福美满之意；“蝶”与“耋”谐音，泛指老年，寓指长寿；一双蝴蝶比翼而飞，可象征爱与美好；蝴蝶于盛开的牡丹花丛中翩翩起舞，寓意蝶（迭）报富贵，佳讯频传。

2.53 红色地吉祥富贵纹素缎阑干马面裙

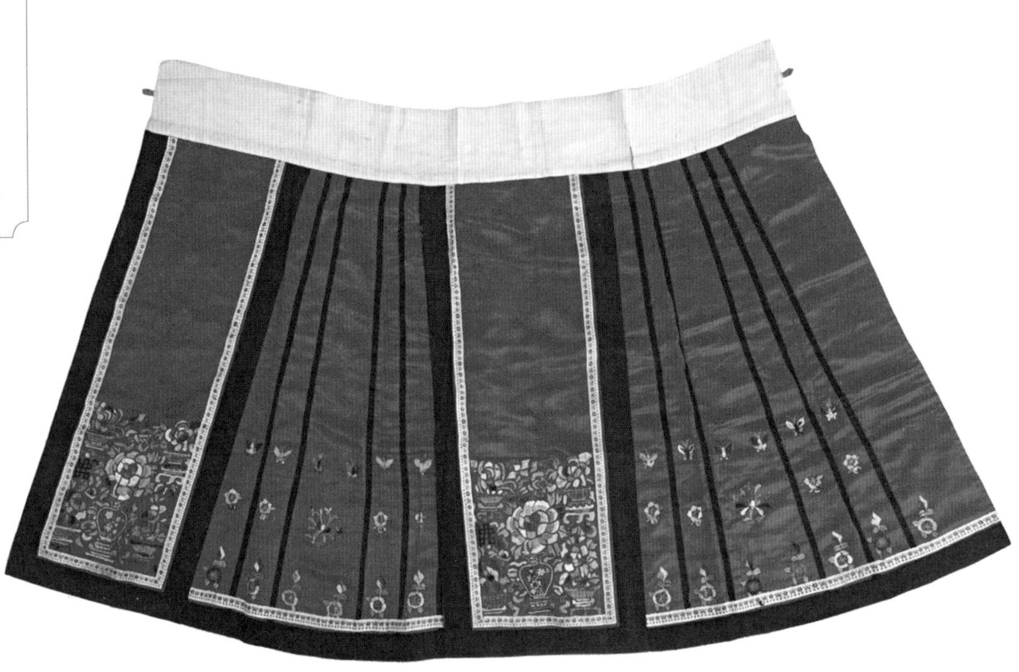

本件马面裙为红色地吉祥富贵纹素缎阑干马面裙，整体大气端庄，色彩搭配醒目和谐，纹样生动写实，做工精细。以红色素缎为底，上接白色棉布腰头，黑色素缎作宽缘并沿用于下摆。裙身两胁分别由黑色缎条阑干纵向拼接为五栏，中间一栏间距较宽，左右四栏相同，裙胁处绣有各种品类、不同姿态的花卉纹样，皆以碎花装饰，整体排布错落有致，纹样生动形象，花卉娇艳欲滴，清新自然。马面处为方形组合主题纹样，中心主绣一朵牡丹与花瓶，花朵色彩以粉色为主，旁边辅以绿叶，四角处绣有花篮，花篮上方有五彩的牡丹花，颜色丰富艳丽。

2.54 橘色地蝶恋花纹素缎阑干马面裙

本件马面裙为橘色地蝶恋花纹素缎阑干马面裙，以橘色素缎面料为底，与白色棉布腰头拼接，马面及下摆镶边，边缘上分别饰有几何纹样刺绣。裙胁由黑色阑干纵向分为十二栏，绣有菊花、兰花、梅花和蝴蝶等纹样。马面处为方形组合主题刺绣，中间有一朵牡丹花，牡丹上下各绣有一只蝴蝶，形态各异，左下角和右上角有八宝纹样和各式各样的花草纹样，组合在一起成了“蝶恋花”，有荣华富贵、身体健康的美好寓意。整裙纹样生动形象、栩栩如生。马面上的纹样整体使用了平绣的工艺，工整细腻。在黑色素缎镶边上装饰着用三蓝绣绣成的卷草纹样。这种吉祥图案在清代染织的装饰中颇为常见；裙子镶边上的三蓝纹饰由白到深蓝五色过渡，色彩过渡协调有致，与裙身颜色互相映衬。

2.55 红色地蝶恋花纹素缎阑干马面裙

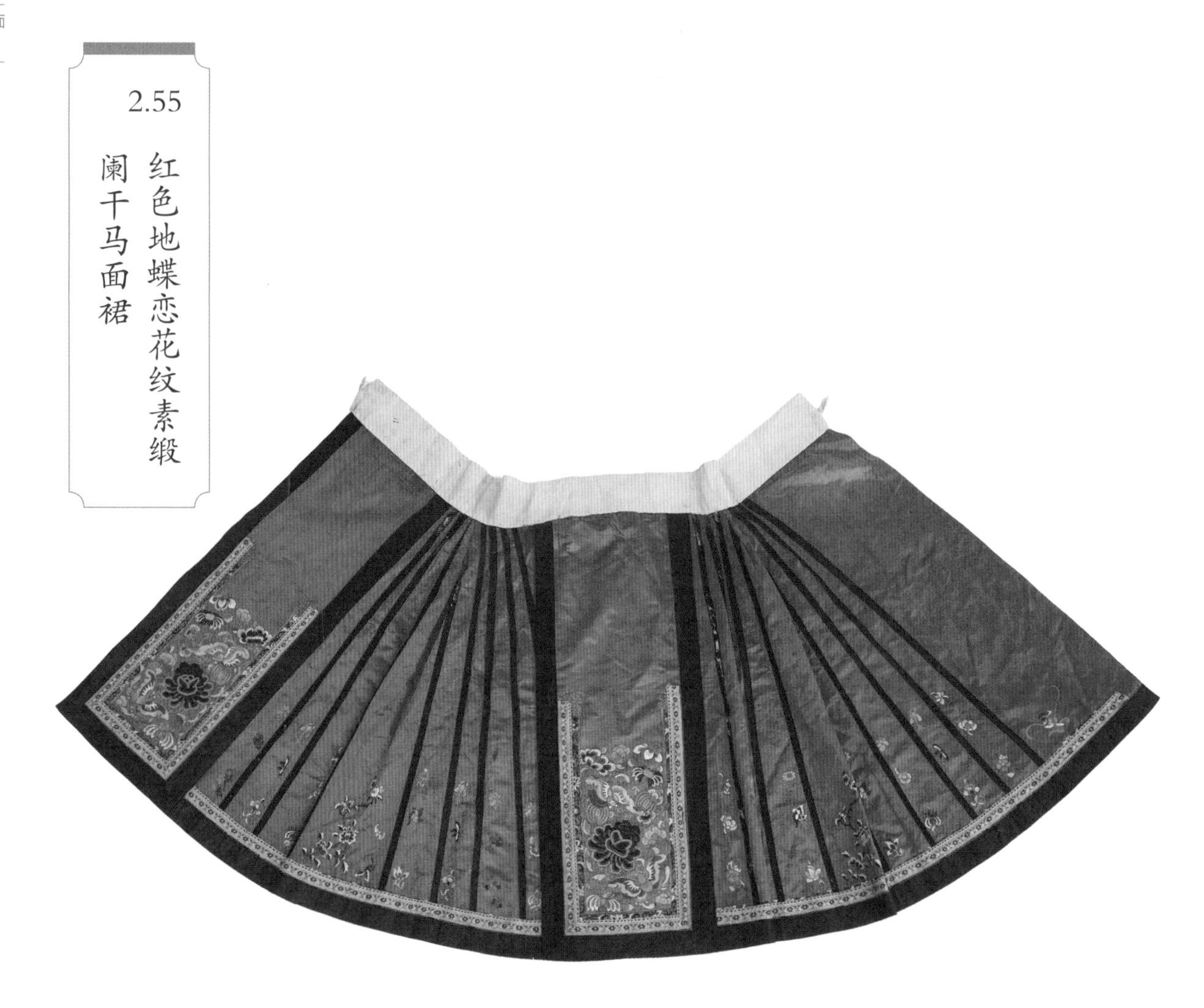

本件马面裙为红色地蝶恋花纹素缎阑干马面裙，以红色素缎面料为底，与白色棉布腰头拼接，黑色素缎面料作宽缘并沿用下摆。马面及下摆有蓝色镶边。此裙综合运用多种纹样，整体传达出吉祥的寓意。马面下部为方形组合主题纹样，中间为一朵蓝色的牡丹，上下各有一只蝴蝶萦绕，四周填充了多个品种的叶子与花朵。此裙融合运用了多种工艺技法，中间的主体牡丹花身处使用了打籽绣的工艺，蝴蝶和周围的花草则使用了平绣的工艺，整体细密整齐，技术精湛。中心处的蝴蝶和牡丹纹样组合在一起，成为经典的“蝶恋花”纹，寓意美好，周边的涵盖四季的各类花草植物纹样也加持了一年丰盛的吉祥含义。

2.56 红色地蝶恋花纹素缎阑干马面裙

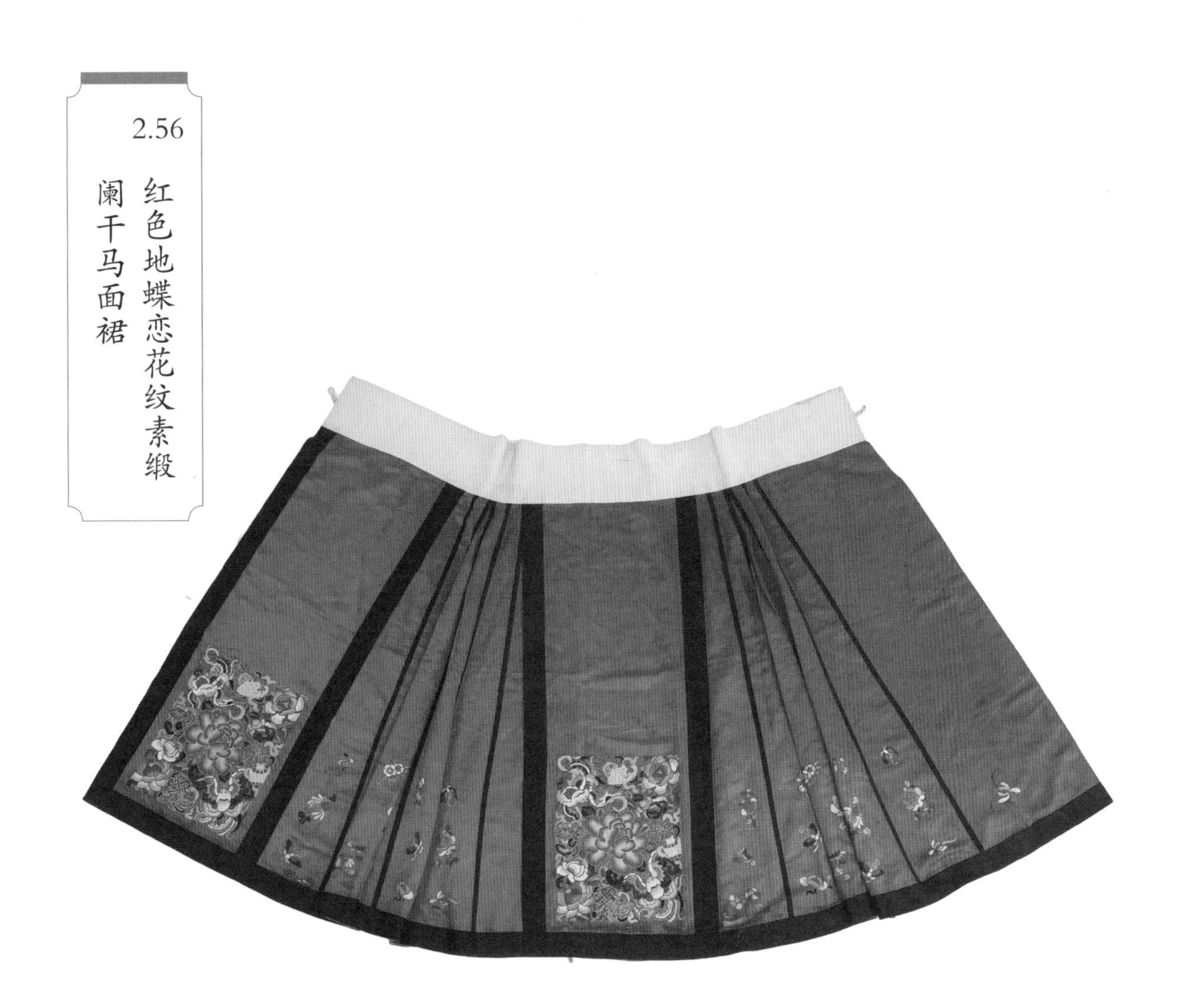

本件马面裙为红色地蝶恋花纹素缎阑干马面裙，以红色绸面料为底，与白色棉布腰头拼接，黑色素缎面料作宽缘并沿用下摆。裙胁由黑色阑干纵向分为十二栏，绣有菊花、兰花、梅花和蝴蝶等纹样。马面处为方形组合主题纹样，纹样主体为一朵牡丹花，牡丹上下各绣有一只凤尾蝶占据对角线上的两个角落，另外两角设计八宝纹样和花卉。主体牡丹花的由打籽绣填充，以盘金绣勾边，四周的花朵和蝙蝠纹样则采用了平绣的手法，层次感丰富。画面充实而色彩搭配和谐，包含饱满的吉祥意义。

2.57 绿色地富贵八宝纹素缎阑干马面裙

本件马面裙为绿色地富贵八宝纹素缎阑干马面裙，以绿色素缎面料为底，与白色棉布腰头拼接，黑色素缎作宽缘并沿用下摆。马面内层和下摆镶有一层红色织带。裙胁由黑色阑干纵向分为十二栏，绣有菊花、兰花、梅花和蝴蝶等纹样。此裙马面下部为方形组合主题纹样，主体纹样是一个装有桃子、石榴的瓶子，四周设计有宝螺、宝瓶、华盖和鱼纹，四角处装饰有牡丹花纹样，并在边缘空白处填充了各式的花草纹样。八宝纹内部是由打籽绣绣成，边缘用盘金绣勾边，牡丹花纹样则是采用了平绣的工艺，细密整齐，色彩过渡自然丰富。

2.58 绿色地四季花卉纹素缎阑干马面裙

本件马面裙为绿色地四季花卉纹素缎阑干马面裙，由前后马面和两侧若干裙片及阑干组成。裙身及装饰保存完整，色泽鲜亮，总体风格清新大气，此裙以绿色素缎为底，与上方裙腰白色棉布拼接。黑色素绸作宽边，在裙门与下摆处都有粉色的织锦缘边。马面绣有牡丹纹样，绣面精细，纹理别致，结合了平绣和盘金绣工艺，牡丹纹样寓意着吉祥富贵，并运用金色、蓝色、粉色、红色、紫色、黄色等绣线形成对比色和同类色搭配，提升了牡丹纹样的层次感和丰富度。粉色缘边以石榴纹、葡萄纹、回形纹等吉祥纹样填充，纹样构成饱满精致，造型疏密有致，富有韵律感和繁而不杂的装饰美感。

2.59 绿色地织锦镶边花缎阑干马面裙

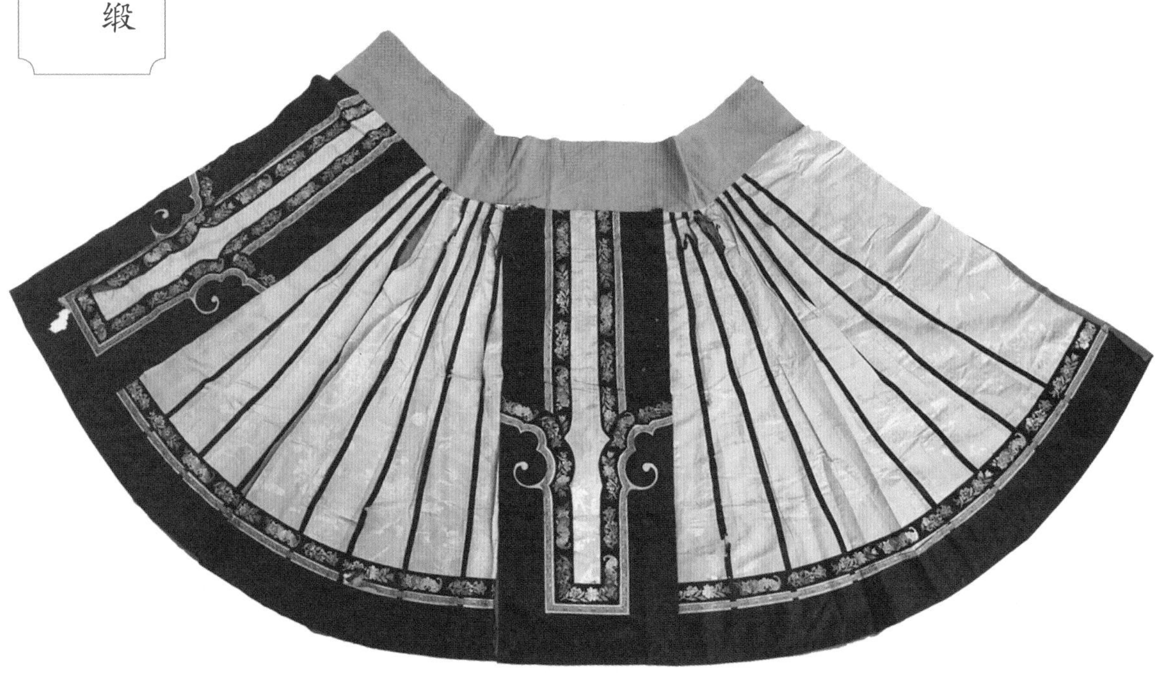

本件马面裙为绿色地织锦镶边花缎阑干马面裙，裙身及装饰保存完整，整体色彩搭配明亮醒目、边缘装饰工艺精致，总体风格清亮素雅。此裙以绿色花缎为底，黑色素绸作宽边。在裙门与下摆处都有粉色的缘边，向内还有一层织有花卉纹样的黑色织带缘饰，对比的色彩拼接在一起构成撞色的视觉效果。马面处左右缘边设计成如意云头形的造型，寓意着吉祥富贵、事事如意，纹样色彩与粉色镶边相呼应，绣面精细，纹理别致，结合平绣工艺，排列均衡且富有条理，繁而不杂。

2.60 黑色地蝶戏牡丹纹素缎阑干马面裙

本件马面裙为黑色地蝶戏牡丹纹素缎阑干马面裙，裙身及装饰保存完整，风格大气庄重，色彩搭配简洁大方，干净利落。以黑色素缎为底，裙门与下摆处有蓝色贴边作缘饰。裙身两侧各有六块布片拼接而成，每一个接缝都有黑色的缘饰。与裙身花色相对的上方裙腰使用白色棉布拼接。马面绣有“蝶报富贵”纹样，牡丹花开，富贵来袭，两只翩翩起舞的蝴蝶围绕其中。马面裙裙身上也绣有牡丹和蝴蝶纹样，排列疏密有致，富有韵律感。裙身以黑色为主，白色、红色的渐变色牡丹纹样提亮整条裙子的色彩，突出主体图案。绣面精细，纹理别致，蝶报富贵纹样寓意着吉祥富贵、生活美满，寄托着普通百姓对美满生活的向往和朴素的审美情趣。

2.61 红色地牡丹花卉纹素缎阑干马面裙

本件马面裙为红色地牡丹花卉纹素缎阑干马面裙，裙身及装饰保存完整，色泽鲜丽．总体风格喜庆大气，以红色素缎为底，金色涤边作宽镶边，裙身两侧各有八块布片拼接而成，每一个接缝都有金色的缘饰。裙身与上方裙腰使用粉色棉布拼接。马面中间绣有牡丹纹样，绣面精细，纹样色彩呈现出渐变的效果，纹样色彩与红色素绸相呼应，蓝色的枝叶则与红色形成对比，对比色和同类色灵活地运用，提升了马面裙纹样的层次感和丰富度，总体传达出繁荣富裕的吉祥寓意。

2.62 红色地蝶戏牡丹纹素缎阑干马面裙

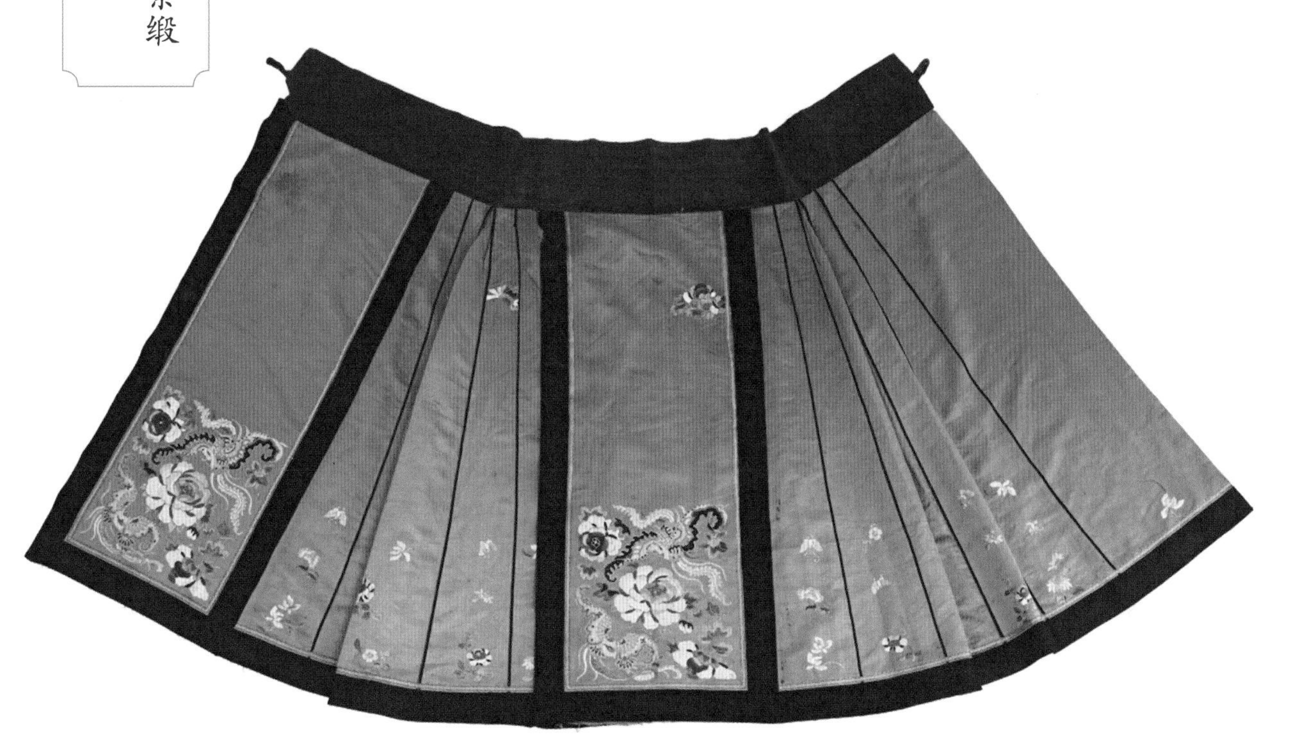

本件马面裙为红色地蝶戏牡丹纹素缎阑干马面裙，裙身及装饰保存完整，裙身色彩艳丽、装饰精美、工艺精湛，整体呈现出大气庄重的风格特点。以红色素缎为底，黑色素绸作宽边，镶蓝色涤边。上方裙腰使用蓝色棉布拼接。马面绣有牡丹、蝴蝶纹样，两只蝴蝶在牡丹之上翩翩起舞，寓意“蝶报富贵”。牡丹纹样寓意着吉祥富贵，蝴与“福”谐音，代表福寿安康，福禄双全的意思。纹样结合了平绣工艺，栩栩如生，活灵活现。

2.63 黑色地蝶恋花纹花缎阑干马面裙

本件马面裙为黑色地蝶恋花纹花缎阑干马面裙，以黑色暗花缎面料为底，与白色棉布腰头拼接，黑色素缎面料作宽缘并沿用下摆，镶边饰有黑底白蓝蝴蝶花卉纹样。马面处三蓝绣方形组合主题纹样，中心及四角各绣有一朵牡丹花，以打籽绣填充，盘金绣勾边。牡丹周围绣有三只蝴蝶，组合成了“蝶恋花”，有荣华富贵、身体健康的美好寓意。裙身上的三蓝纹饰由白到深蓝五色过渡，色彩过渡协调有致，与裙底颜色互相映衬。

2.64 黄色地蝶戏牡丹纹素绸阑干马面裙

本件马面裙为黄色地蝶戏牡丹纹素绸阑干马面裙，以黄色素绸面料为底，黑色素绸面料作宽缘并沿用下摆。裙胁由黑色阑干分别纵向拼接五栏，阑干旁绣有蝴蝶、牡丹、兰花纹样。马面处为方形组合主题纹样，以牡丹纹样为主体，边饰飞舞的蝴蝶纹样，纹样工艺以平针绣为主，用彩色丝线勾边，整体疏密有致、丰富多彩、栩栩如生，有吉祥如意和健康长寿的美好寓意。

2.65 红色地蝶恋花纹素缎阑干马面裙

本件马面裙为红色地蝶恋花纹素缎阑干马面裙，整体大气端庄，色彩搭配醒目和谐，纹样生动写实，做工精细。以红色素缎为底，上接蓝色棉布腰头，黑色素缎作宽缘并沿用下摆。马面处为三蓝绣方形组合主题纹样，牡丹为主体，对角平针绣蝴蝶，蝶姿生动。以打籽绣为主，边缘辅以白色绞线绣。蝴蝶代表美好的事物，牡丹花则象征着富贵、追求，两者在一起表达出美好的寓意。三蓝绣采用多种深浅不同但色调统一的蓝色绣线配色，色彩过渡柔和，格调清新雅致，打籽细密整齐，制作工艺精湛。

2.66 红色地喜鹊登枝纹素缎阑干马面裙

本件马面裙为红色地喜鹊登枝纹素缎阑干马面裙，整体大气端庄，色彩搭配醒目和谐，纹样生动写实，做工精细。以红色素缎为底，上接白色棉布腰头，黑色素缎作宽缘并沿用下摆边缘，边饰有粉底白色花卉纹样宽绦边、回字蝴蝶纹绿地细绦边与白色花纹蓝底细绦边。马面处为方形组合主题纹样，由喜鹊、牡丹花等纹样组成，其中喜鹊象征圣贤，有喜事临门的美好寓意，牡丹是花中之王，寓意吉祥富贵。喜鹊牡丹纹样寓意吉祥如意，是花鸟纹样中的重要表现题材。纹样针法为打籽绣，花纹处针脚排列均匀有序，大小一致，再以盘金绣勾边，使纹样更加坚固耐磨，立体感强。

2.67 红色地平安富贵纹素缎阑干马面裙

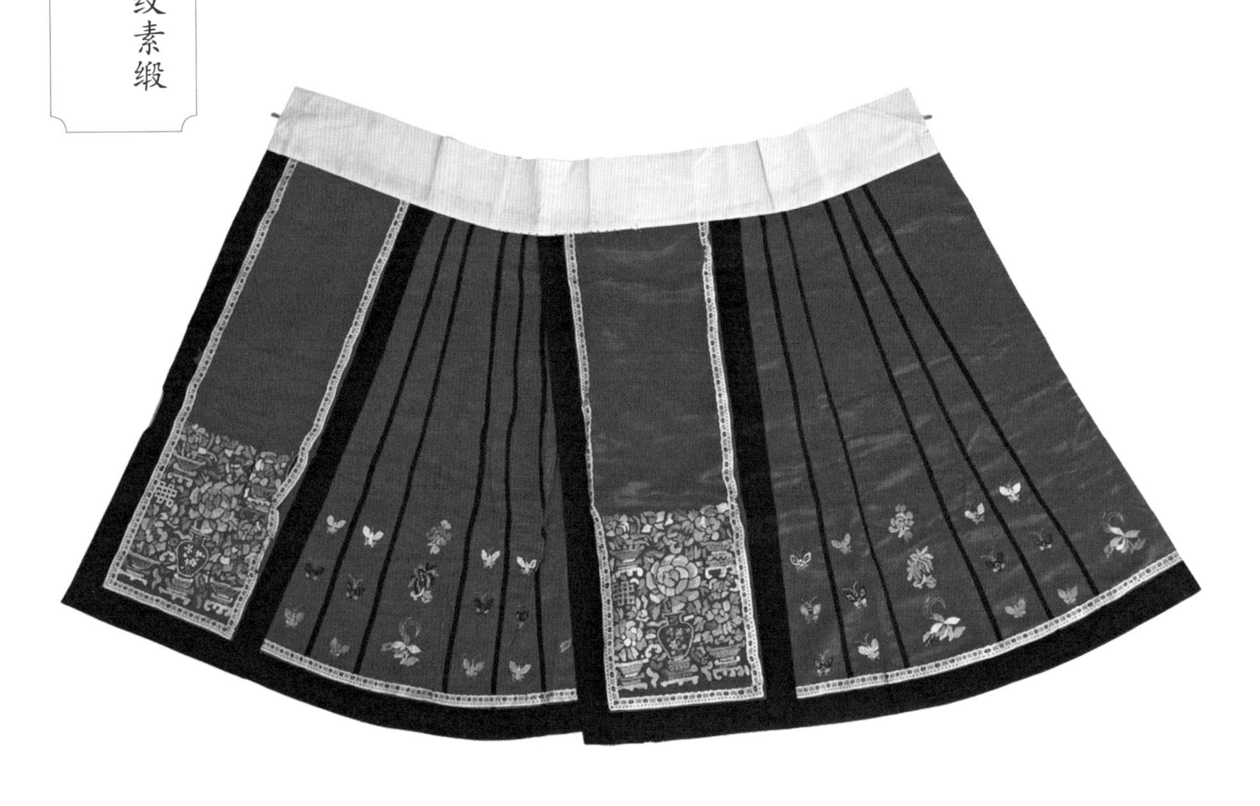

本件马面裙为红色地平安富贵纹素缎阑干马面裙，整体大气端庄，色彩搭配醒目和谐，纹样生动写实，做工精细。以红色素缎为底，上接白色棉布腰头，黑色素缎作宽缘并沿用下摆边缘。裙身两胁分别由黑色缎条阑干纵向拼接为五栏，中间一栏间距较宽，左右四栏相同，绣有黄、紫、粉三色蝴蝶，中间一栏绣有牡丹、菊花等不同姿态的花卉纹样，皆以碎花装饰，整体排布错落有致，纹样生动形象，花卉娇艳欲滴，清新自然。马面处为方形组合主题纹样，中心主绣一朵牡丹与花瓶，花朵色彩以粉色为主，旁边辅以绿叶，花瓶为绿色钩边，紫色、粉色相间底座，花瓶上绣有各色花卉，针法均为平针，纹样的四个角上均绣有五彩牡丹花插花篮。牡丹花与花瓶结合，寓意“富贵平安”。

2.68 红色地吉祥富贵纹素缎阑干马面裙

本件马面裙为红色地吉祥富贵纹素缎阑干马面裙，整裙纹样写实生动，色彩明亮鲜艳，纹饰绣工精致，寓意美好。以红色素缎为底，上接白色棉布腰头，黑色素缎作宽缘并沿用于下摆。马面处为方形组合主题纹样，中心主绣一朵牡丹与花瓶，花朵色彩以粉色为主，旁边辅以绿叶，针法为平针。牡丹左边为紫色盘长纹，四角处为花篮纹组合色彩艳丽的牡丹花，主要以粉、紫、绿三种颜色组成。牡丹花有着富贵吉祥的寓意,一直以来被用来象征家庭富贵和吉祥好运。牡丹花与花瓶结合，寓意“富贵平安”。牡丹花与花篮结合，寓意“吉祥富贵”。

锦绣罗裙——传世马面裙鉴赏图录

第3章

五铢细熨湘纹褶——褶裥马面裙篇

百褶裙出现在明末清初，在李渔所著的《闲情偶寄》中有描写："裙制之精细，惟视折纹之多寡。折多则行走自如，无缠身碍足之患，折少则胶柱难移，有态亦同木强。近日吴门所尚百裥裙可谓尽美。"

鱼鳞百褶马面裙是一种折有细裥的女裙。以数幅布帛制作而成，褶裥之间以丝线交叉串联，以免散乱，展开后形似鲤鱼鳞甲。鱼鳞百褶裙保留了马面裙的基本形制，同时沿袭了传统的绣纹、绲边等装饰样式。不过鱼鳞百褶裙的褶裥更加细密繁复，褶裥的数量增多、增密，同时基本为对褶，每个褶裥之间的宽度较之普通马面裙要细密很多。传统裙装褶皱的视觉审美效用明显，具有强烈的韵律节奏感和动静结合的艺术效用。如鱼鳞百褶裙的细密褶裥的运用，褶的大小因地域不同各有讲究，褶裥规则、整齐、细密，褶裥间以各种丝线连缀呈网状，缀上水纹装饰，在移步行动时，裙装展开成鱼鳞状，流动的视觉效果极富有动感。《清代北京竹枝词·时样裙》中有云："凤尾如何久不闻，皮绵单袷费纷纭。而今无论何时节，都着鱼鳞百褶裙。"

3.1 杏色地雀戏纹花绸鱼鳞百褶马面裙

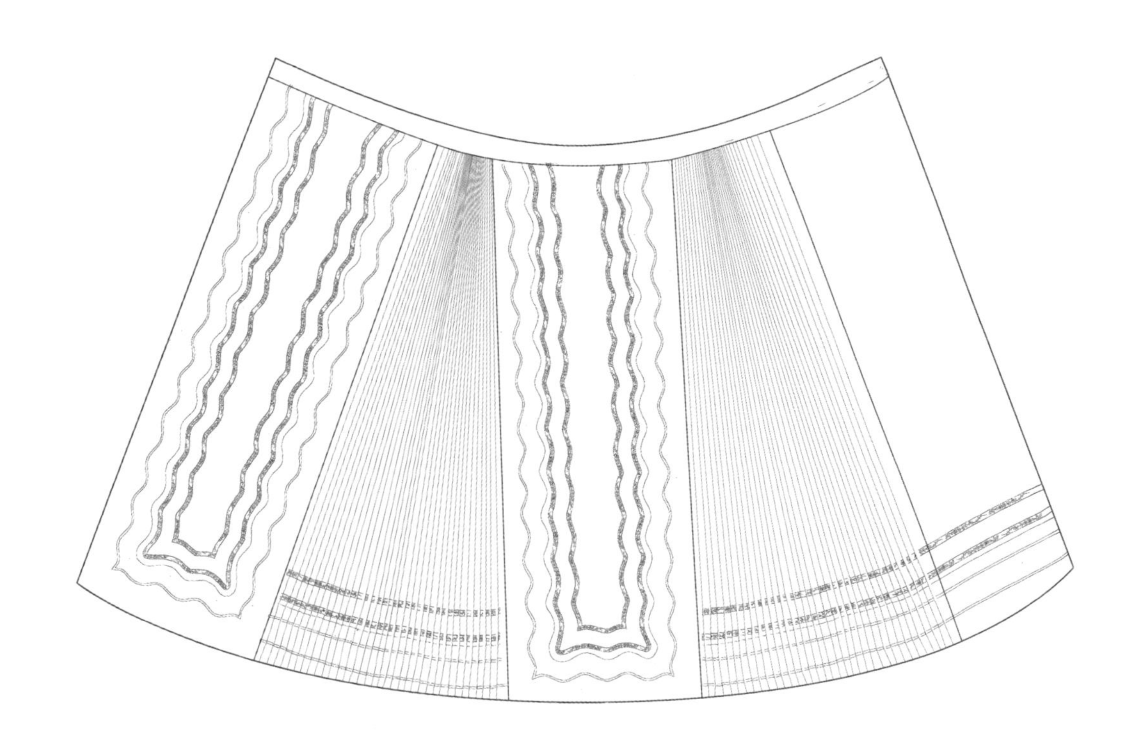

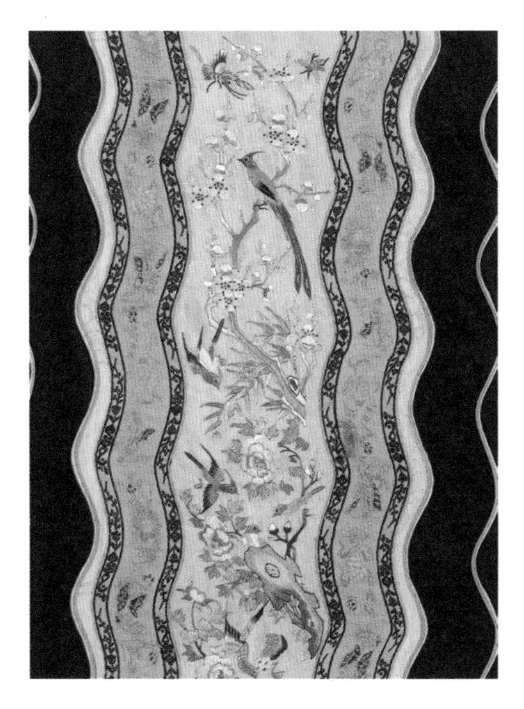

本件马面裙为杏色地雀戏纹花绸鱼鳞百褶马面裙。裙身及装饰保存完整，总体风格朴实无华。裙身以杏白色花绸面料为底，上接黑色棉布腰头。裙身由前后两个裙门组成，黑色素绸面料作缘边，并用于下摆。前后两块马面有七层不同粗细的缘饰，颜色有黑色、白色和黄色。裙身两侧有细密而工整的百褶，间隔交错的钉缝，形成裙身展开时菱形交叉如鱼鳞版的效果。马面纹样部分的底布是粉色，在黄色缘饰中填充有花草纹样。此裙综合运用多种纹样，整体传达出吉祥的寓意。马面上的纹样由两根树枝和在树枝上周旋的动物组成，上方为一根白色边缘粉色中心的树枝，其上有散开排放的小花。树枝上有一只红头粉身红尾的凤凰，两只蝴蝶。纹样的下方为一根红色布满绿色树叶和绽放的牡丹花的树枝，树枝上有一块石头，周围有四只鸟雀。整体的纹样采用平绣工艺。纹样以粉色和绿色为主色，并以些许的白色作为点缀。纹样中各式花草与鸟的组合，呈现了一幅生机勃勃的景象，其中凤纹寓意着富、贵、寿、喜，同时牡丹花也寓意吉祥富贵。

3.2 蓝色地四季花纹花绸鱼鳞百褶马面裙

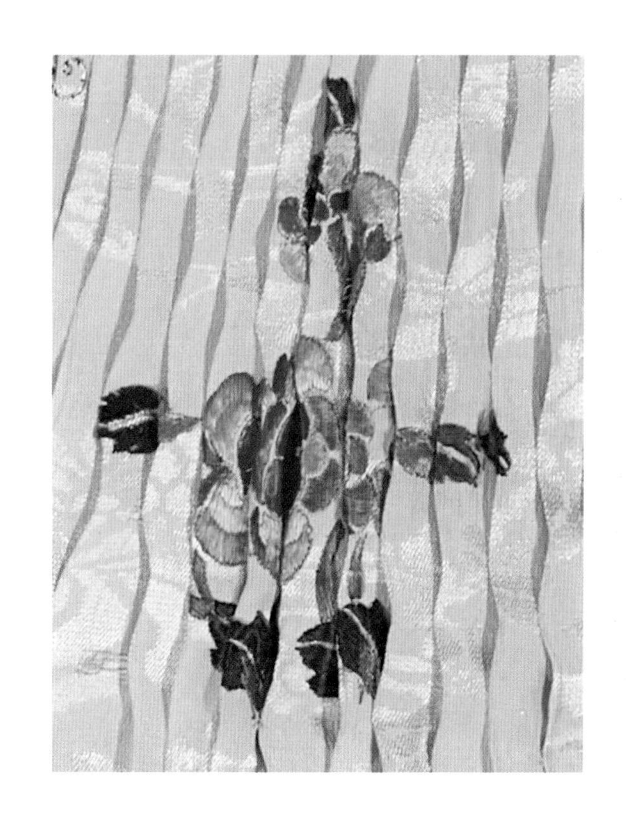

本件马面裙为蓝色地四季花纹花绸鱼鳞百褶马面裙。裙身及装饰保存完整，总体风格朴实无华。以蓝色花绸面料为底，上接蓝色棉布拼接。裙身由前后两个裙门组成，黑色素缎面料分别作约为4cm和1.5cm的缘边，并沿用于下摆边缘。裙身两侧有细密而工整的百褶。这件马面裙全高约92.4cm，腰高6.4cm，展开后下摆宽度约272cm，马面高约86cm、宽约35cm。此裙马面上的纹样以及裙身上的纹样由蝴蝶以及四季花卉还有八宝纹组成，马面正中间是一朵红艳的牡丹花，四角是器皿的八宝纹样，画面左右两边各有一只蝴蝶，其余部分被小的花草所填充。裙侧是散点排列的花朵和蝴蝶纹样。纹样整体以红色和绿色为主色，并以些许的蓝色作点缀。纹样中花草纹样在纹样中有着吉祥祥瑞的寓意。蝴蝶和花寓意自由、美丽以及爱情的美好。八宝纹样寓意吉祥与平安。

3.3 米色地仕女纹花绸鱼鳞百褶马面裙

本件马面裙为米色地仕女纹花绸鱼鳞百褶马面裙。整体风格朴实无华。裙身以黄色花绸面料为底，上接蓝色棉布腰头。裙身由前后两个裙门组成，装饰保存完整，色泽淡雅，黑色素绸面料作缘边，在黑色素绸缘边之上还有一层红绿黄三色提花缘边，并沿用于下摆。裙身两侧有细密而工整的百褶。此裙综合运用多种纹样，结合织造显花工艺，整体传达出“吉祥”的寓意。马面纹样主要为人物纹和花卉纹，中间是两个妇女相望，背景是竹子与石头。四个角上为花瓶与花瓶内的各色花卉，花瓶上有花卉纹样。在裙身上有着呈散点排列的暗花纹。此裙纹样整体采用了平绣工艺，以黄色、绿色、蓝色和红色以及相对的同类色为主色。花草纹样有着吉祥祥瑞的寓意。妇女形象纹样有着“早生贵子、爱情美满”的寓意。

3.4 黄色地麟凤纹素缎鱼鳞百褶马面裙

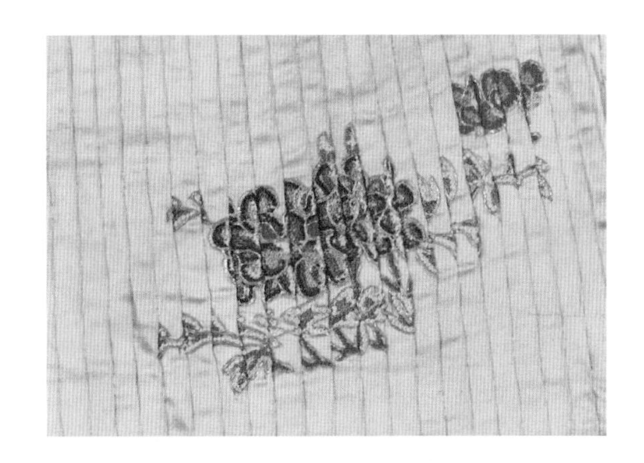

本件马面裙为黄色地麟凤纹素缎鱼鳞百褶马面裙。裙身及装饰保存完整，总体风格华丽。以黄色素缎面料为底，上接黄色棉布腰头，紫色素缎面料作约6cm的缘边，并用于下摆。在这一层缘饰之上还有一层宽1cm的黄色缘饰，紫色缘饰中填充了花草纹样，在绿色装饰条的上下处有橙色的小装饰条。裙身由前后两个裙门组成，两侧有细密而工整的百褶。这件马面裙全高约123cm，腰高10cm，展开后下摆宽度约226cm，马面高约81cm、宽约34cm。此裙综合运用多种纹样，整体传达出吉祥的寓意。马面上的纹样由牡丹花、凤凰、麒麟和蝴蝶组成。主体为一朵牡丹，左上角是展翅的凤凰，右下角是仰头的凤凰，左下角和右上角分别是一只蝴蝶。纹样内被绿色叶子所填充。整体的纹样采用打籽绣工艺，以红色和绿色为主色，并以些许的蓝色和黑色作点缀。凤凰麒麟纹样是吉祥的象征，有带来财运和平安的寓意。凤凰有祥瑞、爱情和永生的寓意。而牡丹寓意高贵华美，有暗示穿着者兴旺发达的含义。

3.5 橘色地四季花纹花绸鱼鳞百褶马面裙

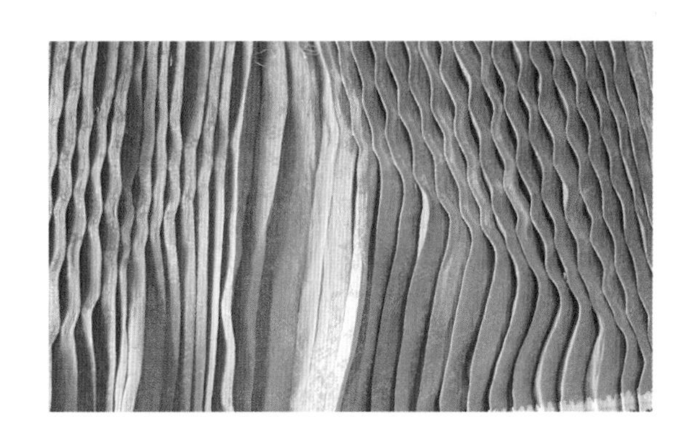

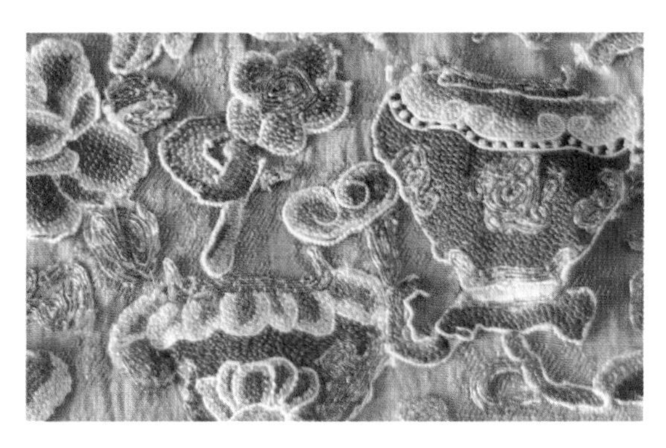

本件马面裙为橘色地四季花纹花绸鱼鳞百褶马面裙。裙身及装饰保存完整，总体风格华丽大气。以橙色地绸料为底，上接黄色棉布腰头，由前后两个裙门组成。马面上有黑色素绸面料缘边，在黑色缘边之上还有一层白色织花镶边，并用于下摆。裙身两侧有着细密而工整的百褶，每一段工整的褶之间有细小的点状连接，使得裙身展开时呈现出鱼鳞状的效果。马面的白色缘饰的纹样为抽象的几何纹样构成的二方连续纹样，马面中心由牡丹花、蝴蝶和各式的八宝纹样组成，并在空隙处以叶子作为填充。纹样采用了打籽绣的工艺，缘饰中的花草和蝙蝠、寿桃纹样采用了平绣的工艺，主色有红色和蓝色，并以绿色和暗黄色作为点缀，缘饰的纹样以蓝色为主色并以红色为点缀。纹样中花草纹样有着吉祥祥瑞的寓意。蝴蝶和花寓意了自由、美丽以及爱情的美好。八宝纹样寓意着吉祥与平安。

3.6 粉色地百蝶纹花绸百褶马面裙

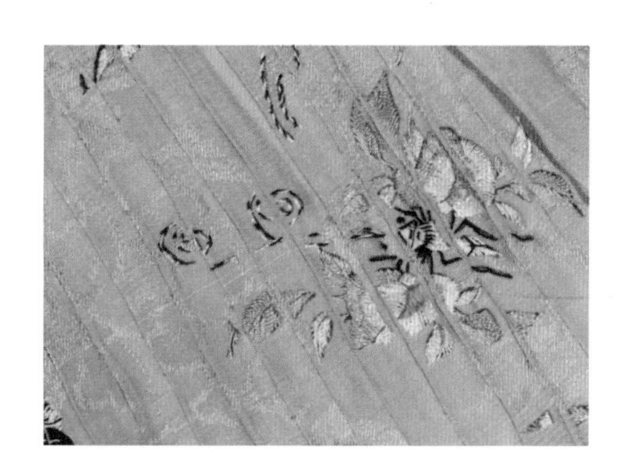

本件马面裙为粉色地百蝶纹花绸百褶马面裙。裙身及装饰保存完整，总体风格明亮大气。以粉色花绸面料为底，上接白色棉布腰头，由前后两个裙门组成。裙子没有边缘的装饰布，有缘饰。裙身两侧有细密而工整的百褶。这件马面裙全高约96.5cm，腰高19.5cm，展开后下摆宽度约250cm，马面高约77cm、宽约32cm。马面纹样以及裙身上的纹样由蝴蝶以及孔雀站枝头纹组成。马面正中间是一只开屏孔雀站立在枝头之上，有3只蝴蝶环绕。裙侧是整齐排列的蝴蝶纹样并配有散点排列的花草纹样。马面上有如意头轮廓的缘饰镶绲造型，其中填充着黑色和黄色的花草纹样。纹样整体以黄色和绿色为主色，并以些许的黑色和红色作点缀。花草纹在纹样中有着吉祥祥瑞的寓意。蝴蝶纹寓意自由、美丽以及爱情的美好。孔雀站枝头纹寓意着高贵美丽，并表达出前程似锦、迎祥云的愿景。

3.7 红色地福寿纹花绸鱼鳞百褶马面裙

本件马面裙为红色地福寿纹花绸鱼鳞百褶马面裙。裙身及装饰保存完整，总体风格华丽大气。裙身以红色花绸面料为底，上接白色棉布腰头。裙身由前后两个裙门组成，马面上有蓝色织花缘边，并沿用于下摆。蓝色缘边之上有一层黑色的梭结花边。裙身两侧有着细密而工整的百褶。马面上的纹样为暗纹的各式花草纹样。蓝色缘饰的纹样由上下两部分构成，上方的纹样为梅花和兰花组成的花草纹样，下方的纹样以海水纹为底，上面为蝙蝠和寿桃纹。缘饰中的花草和蝙蝠寿桃纹样采用了平绣的工艺，颜色有白色和蓝色，缘饰中的海水纹采用了盘金绣的工艺，颜色以白色和金色为主。花草纹样在纹样中有着吉祥祥瑞的寓意。蝙蝠与桃子的纹样有着很强的文化寓意，桃代表寿，蝙蝠代表福，二者组合寓意福寿双全。

3.8 红色地花鸟纹素绸鱼鳞百褶马面裙

本件马面裙为红色地花鸟纹素绸鱼鳞百褶马面裙。裙身及装饰保存完整，色泽艳丽，总体风格雍容华贵。裙身以红色素绸面料为底，上接白色棉布腰头。棕色素绸面料作约为8cm的缘边，并用于下摆，前后两块马面有七层不同粗细的缘饰，颜色有棕红色、浅绿色、黑色和红色。在棕红色和浅绿色的缘饰中填充有繁复的卷草纹样。裙身两侧有细密而工整的百褶，在褶之上有散点排列的团花暗纹。此裙综合运用多种纹样，主要有各种颜色和各种排列方式的卷草纹样。马面的花草纹样颜色更为鲜艳，层次也更为丰富，整体采用了平绣的工艺，以绿色为主色并多次运用撞色来表示纹样的层次感，并以些许的蓝色和红色作点缀。纹样中各式的花草组合呈现了一幅生机勃勃的景象，同时又寓意吉祥富贵、大吉大利。

3.9 红色地蝶恋花素绸鱼鳞百褶马面裙

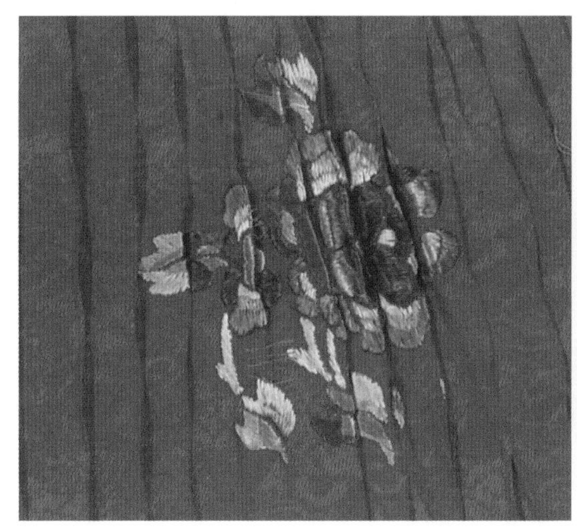

本件马面裙为红色地蝶恋花素绸鱼鳞百褶马面裙。裙身及装饰保存完整，色泽艳丽，总体风格雍容华贵。裙身以红色素绸面料为底，上接蓝色棉布腰头。马面处棕色素绸面料作缘边，并用于下摆。前后两块马面有六层不同粗细的缘饰。颜色有黑色、白色、蓝色和绿色。在白色和浅绿色的缘饰中填充规矩的几何纹样。裙身两侧有细密而工整的百褶。马面纹样为蝴蝶与花卉组成的蝶恋花纹样，纹样中有各式各样的花草以及各种昆虫，如螳螂、蝴蝶和蛐蛐。整体采用平绣工艺，以绿色和蓝色为主色，多次运用撞色来表示纹样的层次感，并以些许的黄色和红色作点缀。纹样中各式的花草组合呈现了一幅生机勃勃的景象，同时又寓意幸福美满、健康吉祥。

3.10 红色地鹭鸟莲花纹花纱百褶马面裙

本件马面裙为红色地鹭鸟莲花纹花纱百褶马面裙。裙身及装饰保存完整，色泽艳丽，总体风格雍容华贵。以红色花纱面料为底，上接蓝色棉布腰头，蓝色素绸面料作缘边，并用于下摆。前后两块马面有四层不同粗细的缘饰。缘边上较粗的深蓝色与较细的白色条纹交替出现。裙身两侧有细密的褶皱。纹样主要分为两个部分：一部分是马面上的翠鸟和牡丹纹样，上下各有一簇牡丹，四周有绿色叶子点缀，两簇牡丹以一根树枝连接。中间为一只白色身体、羽翼处有蓝色的翠鸟。另一部分为一只鹭鸟和莲花的组合纹样。其中一朵放大了的莲花和叶子处于画面的右边，左边是一只侧头的小型鹭鸟。刺绣工艺上全部使用平绣，色彩主要为白色、粉色和蓝色，并运用对比色来增加视觉效果。纹样中的莲花象征清正廉洁，又象征幸福纯洁的爱情。鹭鸟象征祥和、幸福与清白。翠鸟象征着吉祥如意与幸福。两幅画面呈现出欣欣向荣、生机勃勃的景象。

3.11 红色地福寿纹素绸鱼鳞百褶马面裙

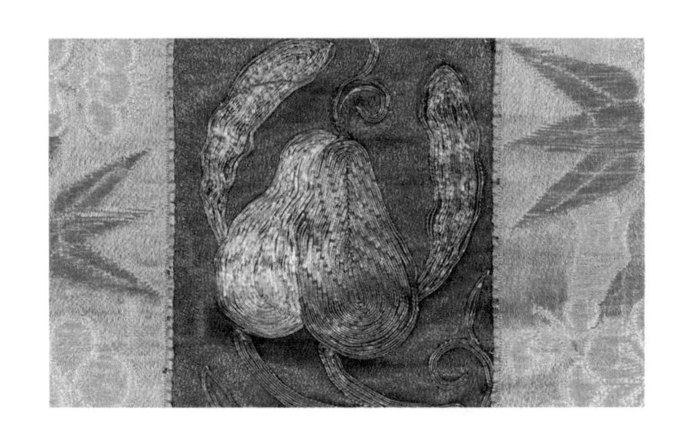

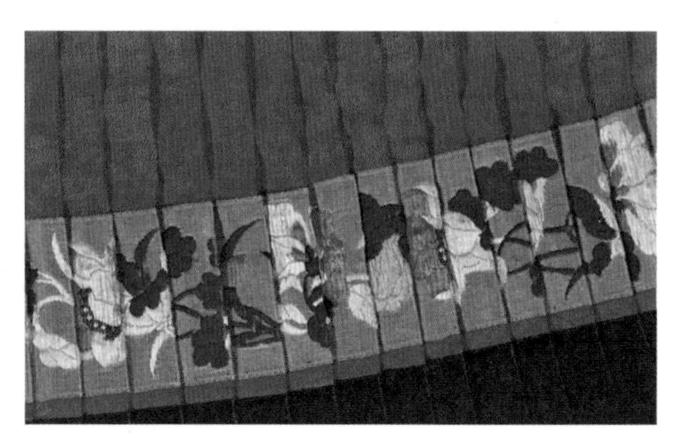

本件马面裙为红色地福寿纹素绸鱼鳞百褶马面裙。裙身及装饰保存完整，总体风格华丽大气。裙身以红色地素绸面料为底，上接黄色棉布腰头。马面上有宽10cm的黑色缘边和一层5.5cm的绿色缘边，并用于下摆。裙身两侧有着细密而工整的百褶。这件马面裙全高约99cm，腰高22cm，展开后下摆宽度约236cm，马面高约77cm、宽约36cm。此裙综合运用多种纹样，整体传达出吉祥的寓意。马面上的纹样为紫色底，上方为抽象的蝙蝠纹样，中间为桃子纹样，下方为方胜纹样。在马面的缘饰中有由花草和枝叶构成的二方连续纹样。缘饰中的花草采用了平绣的工艺，花的颜色有蓝色和红色，叶子的颜色为深蓝色，枝干的颜色为绿色。马面正中的纹样采用了盘金绣的工艺，颜色以黄色和绿色为主。花草纹样有着吉祥祥瑞的寓意。蝙蝠与桃子组合纹样代表福寿双全。方胜纹样象征事事吉祥，同时也象征爱情美满、家庭幸福。

3.12 红色地桃枝纹花绸鱼鳞百褶马面裙

本件马面裙为红色地桃枝纹花绸鱼鳞百褶马面裙，整体风格大气庄重，色彩搭配明亮醒目，纹样十分繁复且做工精致。裙身以红色地暗花绸面料为底，黑色花绸面料作镶边，在裙门与下摆处都有靛青色的缘边，运用不同的色彩将马面裙门划分为九层，大红、湖蓝、黑色、靛青、月白五种颜色穿插搭配，将对比色和同类色灵活地运用，提升了马面裙的层次感和丰富度。马面中间绣有桃子及枝叶和蝴蝶纹样，绣面精细，纹理别致，结合铺绒绣和盘金绣工艺，用异色绣线绣出底纹，再用彩色绒线作为面线，有规律地与底纹交叉编织，绣出独特的几何纹样席纹。此裙运用了多种纹样，整幅装饰条及鱼鳞褶下摆以造型各异的花卉叶子、动物等吉祥寓意的纹样填充，饱满精致，造型疏密有致，富有韵律感和繁而不杂的装饰美感。其中马面最内层装饰有蓝底粉色花卉与白色蝴蝶纹样，向外一层黑色素绸上，除花卉、蝴蝶纹样外，还绣有如意纹样，外层的黑色素绸缘边上则绣有牡丹、凤鸟、鱼纹样，结合平绣、盘金绣等工艺，总体传达出吉祥长寿、繁荣富裕的吉祥寓意。

3.13 红色地三多纹花绸鱼鳞百褶马面裙

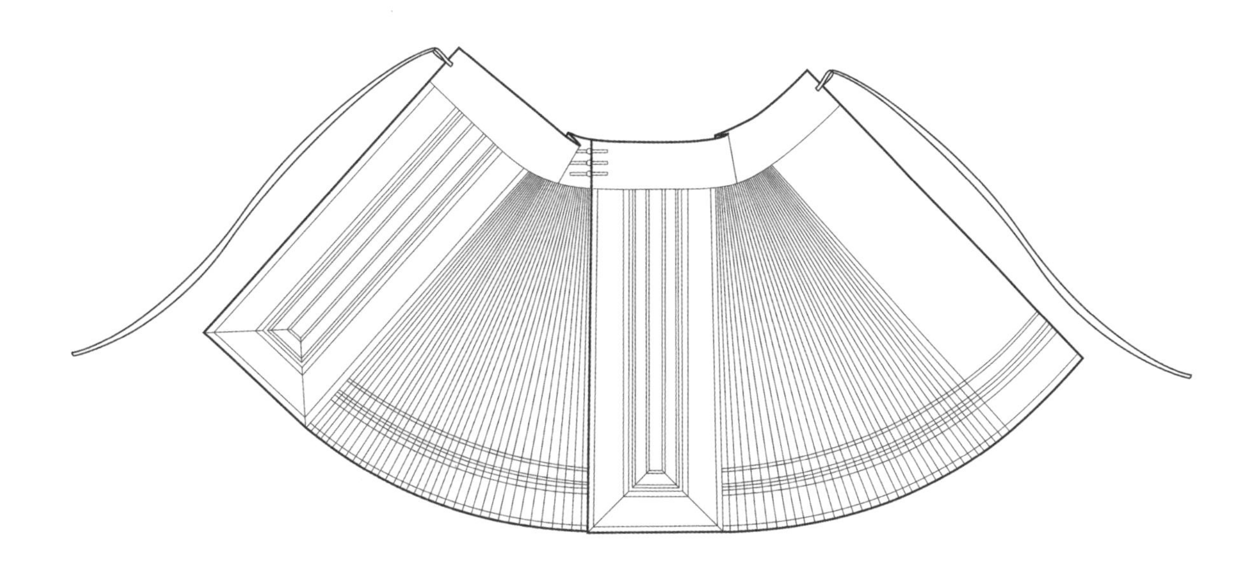

本件马面裙为红色地三多纹花绸鱼鳞百褶马面裙，是规则型褶裥裙，两侧分别打褶，每条细褶的横向宽度在1cm以内。裙身以红色花绸面料为底，底有菊花、莲花、兰花等纹样凸显，增强肌理感，上接白色棉布，腰头左右两端各一个系带，用于系结。裙腰中间以三粒一字扣相连，裙身前后左右共四个裙门，马面及下摆处缘边内侧饰有细绦边和黑色镶绲边装饰。黑色素绸面料作宽缘边，并沿用于下摆。此裙马面及下摆处绣有福寿三多纹样。福寿三多纹样主要由仙桃、石榴和佛手纹样组成，三者并蒂。其中佛手与福字谐音而寓意“福”，桃子寓意“长寿”，石榴多子寓意“多子”，表达了多福、多寿、多子的颂祷。同时使用平针绣工艺，使刻画细致传神。

3.14 绿色地花卉纹花绸鱼鳞百褶马面裙

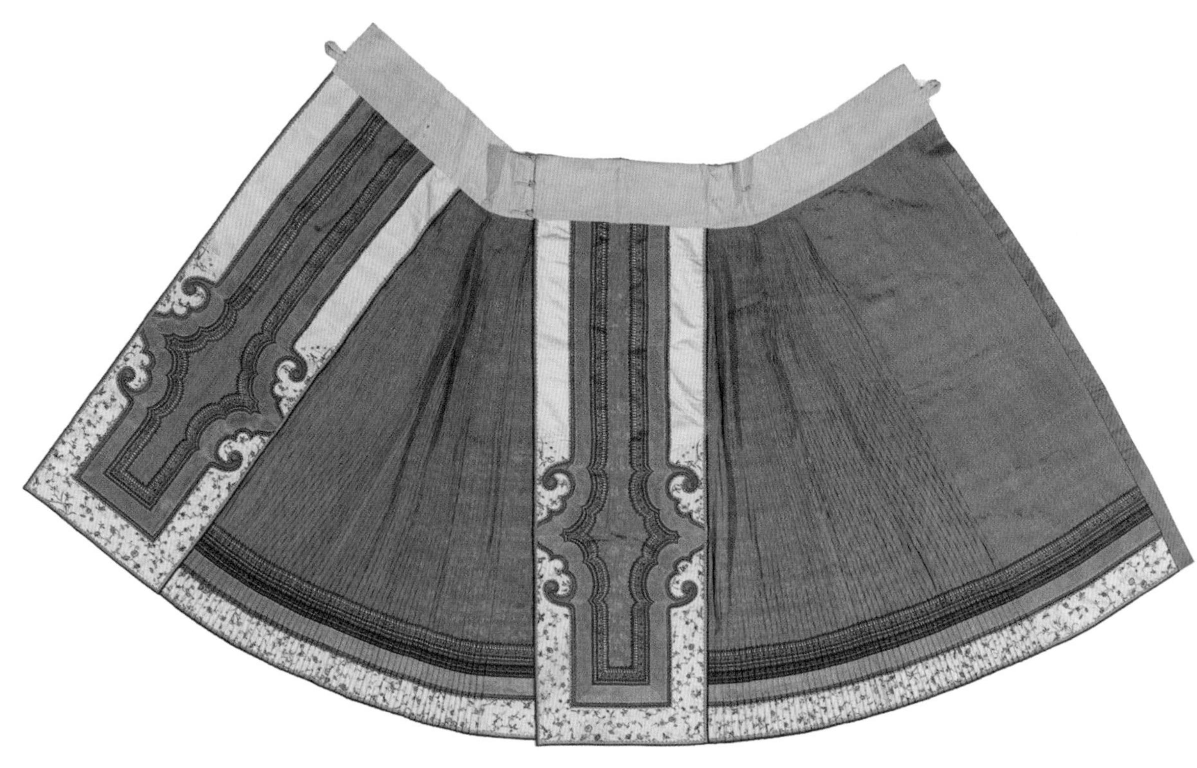

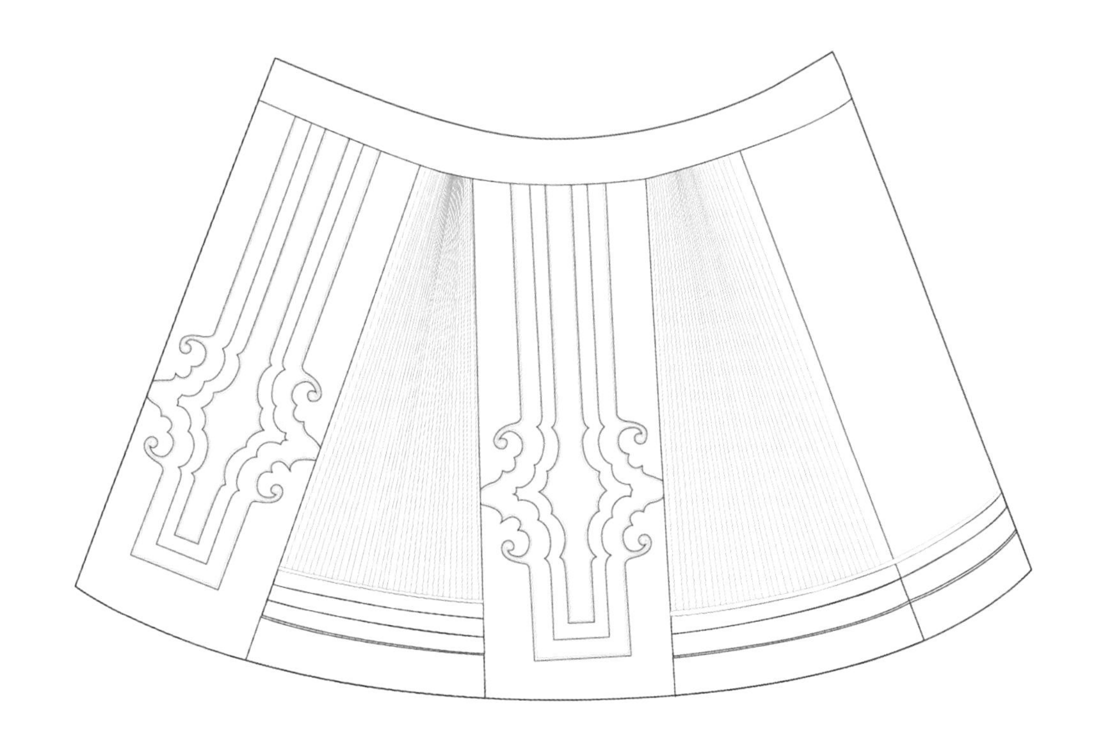

本件马面裙为绿色地花卉纹花绸鱼鳞百褶马面裙。装饰保存完整，总体风格华丽大气。裙身以绿色花绸面料为底，上接白色棉布腰头，前后由两个裙门组成，白色素缎面料作宽约为8cm的缘边，并用于下摆。在这一层缘饰之上还有一层宽3cm的黄色缘饰，并用于下摆。白色缘饰中填充了各式的花草纹样。裙身两侧有细密而工整的百褶，并有暗纹呈散点排列。这件马面裙全高约124cm，腰高10cm，展开后下摆宽度约228cm，马面高约81cm、宽约28cm。马面纹样以及裙身上的纹样由蝴蝶以及四季花卉组成。缘饰中的纹样由呈散点排列的缠枝花纹和螳螂、鸟雀和蝴蝶组成。缘饰的纹样采用了锁绣工艺。纹样整体以蓝色和绿色为主色，并以些许的红色作点缀。花草纹样有着吉祥祥瑞的寓意。螳螂和蝴蝶等昆虫纹样寓意了自由、精力旺盛、积极乐观的生活态度。

3.15 蓝色地八宝纹花绸鱼鳞百褶马面裙

本件马面裙为蓝色地八宝纹花绸鱼鳞百褶马面裙。裙身及装饰保存完整，总体风格稳重大气。以蓝色花绸面料为底，上接白色棉布腰头。裙身由前后两个裙门组成，浅蓝色棉布作约为4cm的缘边，并用于下摆。在这一层缘边之上还有一层4cm宽的黄色素缎作内层的缘饰。黄色素缎缘饰内侧有约2cm的条形装饰带，填充深蓝色的花草纹样。裙身两侧有细密而工整的百褶。这件马面裙全高约94cm，腰高12cm，展开后下摆宽度约218cm，马面高约82cm、宽约24.5cm。马面上的纹样由花朵、石榴、寿桃、佛手、蝴蝶、蝙蝠和佛八宝组成。纹样采用铺绒绣工艺。整体以黄色为主色，并以些许的绿色、红色和蓝色作点缀。白色缘饰纹样中深蓝色的花草纹样寓意着长生，同时又有着富贵祥瑞的文化底蕴。而花朵、石榴、寿桃、佛手、蝴蝶、蝙蝠和佛八宝则寓意红红火火、多子多福、长寿、吉祥幸福和顽强的生命力。

3.16

蓝色地石榴纹花绸百褶马面裙

本件马面裙为蓝色地石榴纹花绸百褶马面裙。总体风格鲜艳大气。裙身以蓝色花绸面料为底，上接白色棉布腰头。由前后两个裙门组成，裙身及装饰保存不完整，目前只剩下一个裙门，马面上有波浪纹的同色缘边，并用于下摆。裙身两侧为工整而细密的百褶。马面纹样由石榴花和石榴果实构成，中间是两颗石榴，四周为叶子以及石榴花。裙身两侧有以牡丹花为主体、叶子为辅的纹样。纹样采用平绣工艺，颜色以蓝色、粉色和绿色组成。裙身两侧的纹样以平绣为主，并直接绣于工整的百褶之上，颜色以绿色、粉色为主体。这件马面裙在裙身上有着浅蓝色的蝙蝠与寿桃的暗纹纹样。花草纹样有着“吉祥祥瑞”的寓意。蝙蝠和寿桃分别寓意“福”和“寿”，有着“祝福穿着者长命百岁，福如东海”的美好寓意。石榴花寓意事事吉祥、多子多福。

3.17

蓝色地鸟兽纹素绸鱼鳞百褶马面裙

本件马面裙为蓝色地鸟兽纹素绸鱼鳞百褶马面裙。裙身及装饰保存完整，总体风格沉稳大气。以蓝色素绸面料为底，上接黑色棉布腰头。裙身是由前后两个裙门组成，马面上有宽8cm的黑色缘边，在黑色缘边之上还有一层4cm的粉色缘边，并用于下摆。裙身两侧有着细密而工整的百褶，百褶间用短线做点状连接，在展开时呈现出鱼鳞的视觉效果。这件马面裙全高约85cm，腰高6cm，展开后下摆宽度约208cm，马面高约79cm、宽约32cm。马面没有主体纹样，在马面的缘饰中有由抽象化的鸟纹样和抽象的几何纹样构成的二方连续纹样，抽象鸟纹在缘饰中颜色有黄色、绿色和白色三种，鸟纹之间几何纹样作为间隔出现，整体纹样呈规律变化。裙身两侧有呈散点排列的花草暗纹。鸟纹寓意自由、美丽与活力，寄托对生活的美好希望。

3.18

黑色地鸟兽纹素绸褶裥马面裙

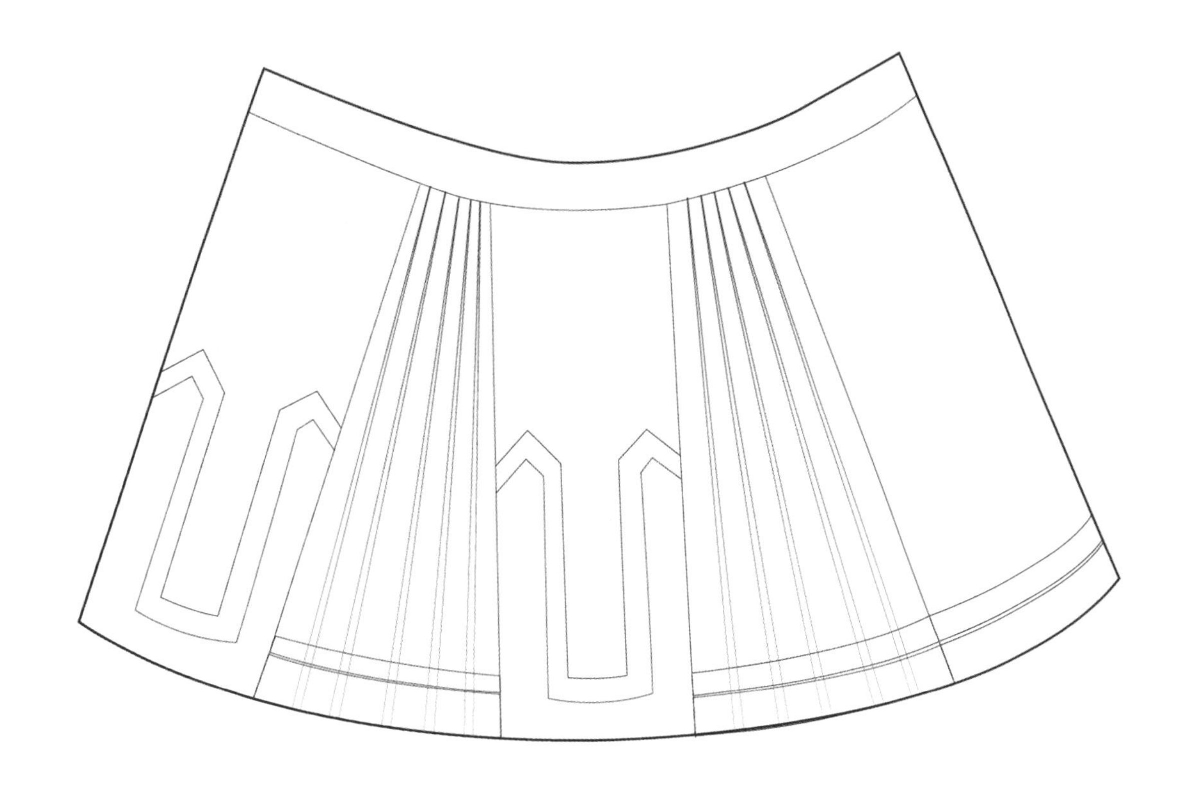

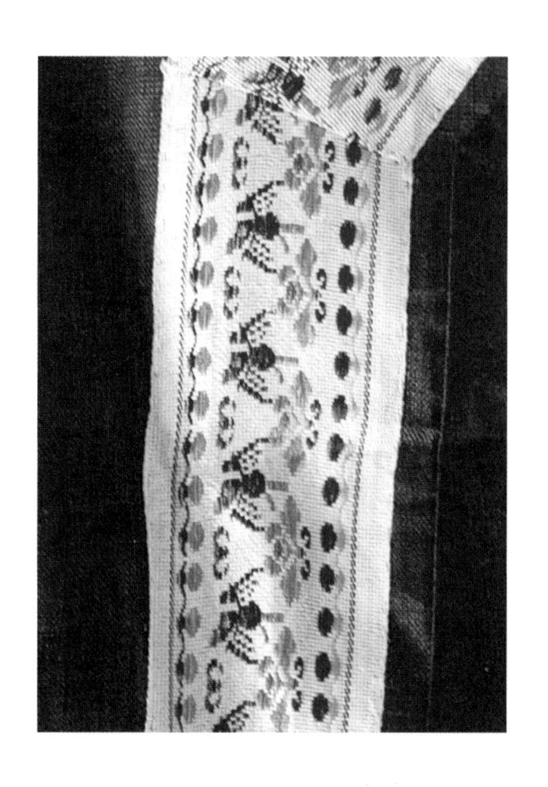

本件马面裙为黑色地鸟兽纹素绸褶裥马面裙。裙身及装饰保存完整，总体风格朴实无华。裙身以黑色素绸面料为底，上接白色棉布腰头，由前后两个裙门组成，马面处有宝剑头式的缘饰。马面上有黑色缘边和一层白色缘边，并用于下摆。裙身两侧各有5道褶裥，于腰头处钉牢，褶的方向朝向裙身侧边。此裙综合运用多种纹样，整体传达出“吉祥”的寓意。马面没有主体纹样，在宝剑头缘饰上有着由圆点、抽象鸟兽和云纹组成的二方连续纹样。缘饰的纹样采用了刻齐针工艺，缘饰纹样颜色主色有紫色和浅蓝色。纹样中鸟兽与几何纹样的组合有吉祥的文化内涵。

3.19 黑色地牡丹纹素棉百褶马面裙

本件马面裙为黑色地牡丹纹素棉百褶马面裙，裙身及装饰保存完整，风格素朴庄重，色彩搭配简洁大方，干净利落，整体呈现淡雅之感。裙身以黑色面料为底，由前后两个裙门组成，蓝色的波浪织带作缘边，并沿用于下摆缘边，与上方裙腰的藏蓝色棉布相呼应。此裙色彩运用了对比色搭配，裙身以黑色为主，米色的印染纹样提亮整条裙子的色彩，突出主体纹样。此裙综合运用了多种纹样，马面裙门处的牡丹枝叶纹样进行了简化处理，构图简洁疏朗，洗练清丽。马面旁边布满细密工整的鱼鳞褶，裙身下摆处除了牡丹纹样外，还印有如意纹和回形纹，纹样的构成散而不乱，既多样又统一，如意纹与牡丹纹的纹样组合寓意着“富贵如意”，连续不断的回纹寓意着福寿吉祥、连绵不断、吉利长久。马面和裙身纹样主要运用了夹缬工艺，是使用柿漆纸或木板材质的雕刻镂空花版，结合牡丹纹、如意纹、回形纹，寄托着普通百姓对美满生活的向往，体现朴素的审美情趣。

3.20 黑色地人物纹素绸褶裥马面裙

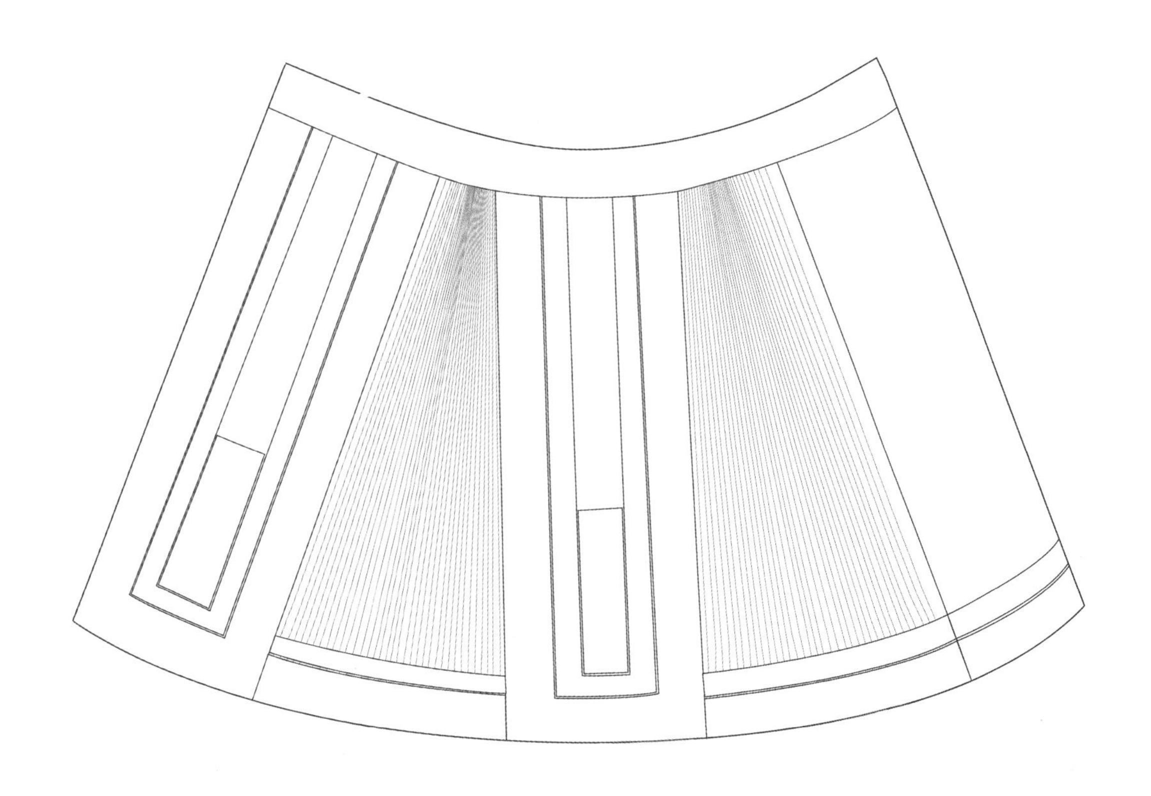

本件马面裙为黑色地人物纹素绸褶裥马面裙。裙身及装饰保存完整，总体风格稳重大气。以黑色素绸面料为底，上接本布色棉布腰头。裙身由前后两个裙门组成，黑色棉布作约7.6cm的缘边，在这一层缘饰之上还有一层3.4cm的绿色缘饰，并用于下摆。绿色缘饰中填充二方连续花草纹样，两边有深蓝色缘饰填充淡黄色的矩形纹样。马面中间是一块淡黄色的矩形纹样。裙身两侧有细密而工整的百褶。这件马面裙全高约87cm，腰高9cm，展开后下摆宽度约238cm，马面高约78cm、宽约29cm。马面纹样由花朵、燕子和人像组成，中间是一位翘首以盼的身着褙子、手持扇子的年轻女性，并有蓝色开光式边框。上下是燕子与花枝的组合纹样。纹样四周被绿色叶子所包裹。整体采用了平绣的工艺，以蓝色和绿色为主色，并以些许的黑色和黄色作点缀。纹样中燕子纹样寓意吉祥。燕子和年轻女性的组合是“生贵子”的象征，也有祝福新婚的含义。

3.21 粉色地蝶恋花纹花缎褶裥马面裙

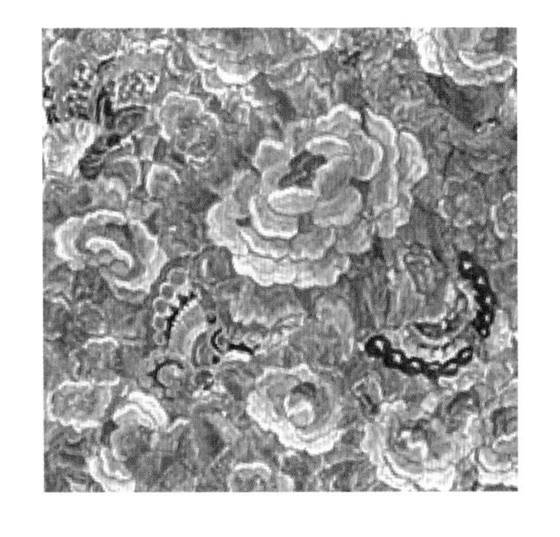

本件马面裙为粉色地蝶恋花纹花缎褶裥马面裙，以粉色暗花缎面料为底，与同色棉布腰头拼接，黑色素缎面料作宽缘并沿用下摆。镶边有黑底白蓝蝴蝶花卉刺绣。裙胁是由规则的褶裥组成，两侧分别打褶，上绣各种花卉蝴蝶纹样。马面处为方形组合主题纹样，主体纹样为牡丹花，以平针绣为主，整体平整细密，色彩搭配协调。牡丹周围环绕有梅花和形态各异的蝴蝶。整裙纹样相互呼应，呈现出一派春意盎然的美好景象。

3.22 粉色地蝶恋花纹花缎褶裥马面裙

本件马面裙为粉色地蝶恋花纹花缎褶裥马面裙，以粉色素缎面料为底，与白色棉布腰头拼接，黑色素缎面料作宽缘并沿用于下摆，镶边上层分别饰有“寿”字刺绣纹样的细绦边。裙胁是由规则型的褶裥组成。马面中部有如意云头造型镶边装饰，下部为方形组合纹样，上绣江崖海水、孔雀、蝴蝶以及“福寿三多”等纹样，以平针绣为主。整裙纹样寓意深厚，有健康长寿、福寿绵长的美好寓意。这种吉祥图案在清代染织的装饰中颇为常见。

锦绣罗裙——传世马面裙鉴赏图录

第4章

舞裙香暖金泥凤——盘金马面裙篇

马面裙是在传统“围裙”的基础上，加上裙门、褶裥、阑干、刺绣等结构工艺及装饰变化而成，并在近代发展成熟和完善，裙子两侧是褶裥，中间有一部分是光面，俗称“马面”。马面中常常装饰以刺绣等手法，马面裙中常见刺绣针法繁多，盘金绣以具备光泽感的金、银丝线为原料，通过在面料表面的盘踞堆叠、曲折缠绕，形成较其他刺绣更为亮眼，更显奢华富贵的装饰效果。

4.1 红色地蟒纹素缎盘金阑干马面裙

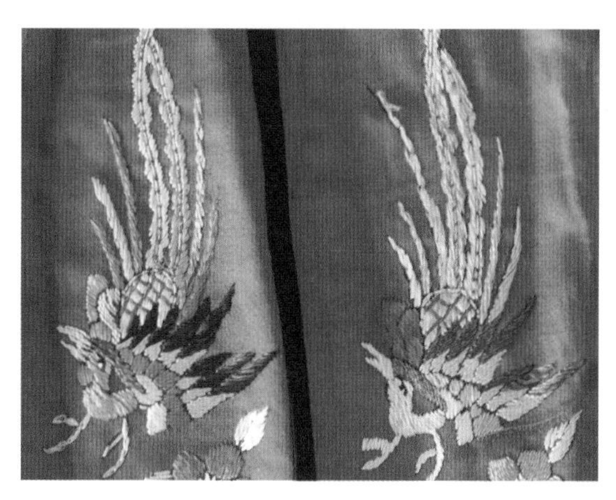

本件马面裙为红色地蟒纹素缎盘金阑干马面裙，裙身以红色素缎面料为底，上接白色棉布腰头，黑色素缎面料作宽缘边，并沿用于下摆。两侧裙胁分别纵向拼接为五栏，每栏底部都绣有江崖海水纹，各类花卉从中伸出，裙胁上还分别绣有凤凰、灵芝等祥瑞纹样，针法都为平针。马面下半部分底部绣有黄、紫、粉、白、蓝相间的江崖海水纹，有着吉祥安泰、祝颂平安、延绵长寿的美好寓意。浪花上方运用盘金绣针法主绣一条蟒纹，使用金、银线交替盘绕绣制，金银线盘绕间距规整紧密，并采用红色丝线进行钉缝固定，使得盘金纹样呈现出多彩的视觉效果，十分美丽。蟒纹四周以平针绣绣以蝙蝠、灵芝等吉祥纹样，寓意“福至心灵”。蟒的四周环绕云纹，四个角上分别以盘金绣法绣出法轮、宝伞、法螺等“八吉祥”纹样，纹样均以线条流畅的飘带环绕。整裙绣有多种祥瑞元素，纹样生动形象、栩栩如生，丰富多彩。刺绣工艺精湛，颜色搭配丰富且饱和度高。

4.2 红色地蝶报富贵纹盘金阑干马面裙

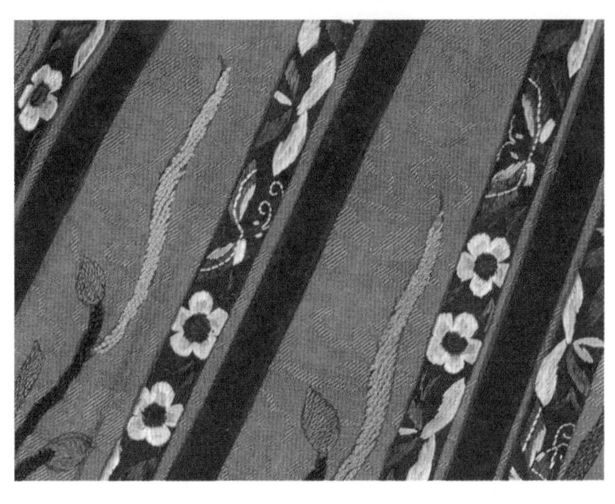

本件马面裙为红色地蝶报富贵纹盘金阑干马面裙，裙身以红色暗花绸面料为底，裙底布有皮球花纹样和云纹凸显，增强肌理效果，上接白色棉布腰头，腰头左右两端各有一个襻，用于系结，黑色素绸面料作宽5cm的缘边，并用于下摆。裙身由多块大小相等的梯形面料拼接缝制而成，形成褶裥，梯形面料之间用黑色条状阑干装饰形成立体效果。两侧裙胁分别纵向拼接十二栏，内外左右共四个裙门。这件马面裙全高81.4cm，腰高2.4cm，展开后下摆宽237.5cm，马面宽31.5cm，马面及下摆缘边内侧装饰有八吉祥纹样的镶边和黑色绲边，还贴有兰花、梅花纹样的细贴边。马面和裙胁部分的纹样由绿色、黄色、蓝色几个渐变颜色组成。此裙马面处绣有蝶报富贵纹样，主要由蝴蝶、蝙蝠、牡丹花、莲花、兰花等纹样组成。蝴蝶作为刺绣装饰纹样，既有“长寿”的寓意，也有“捷报”的寓意；蝙蝠纹样同样是被视为“福”的象征，寓意长寿幸福。裙胁处绣有竖向排列的兰花草纹样。同时使用打籽绣描绘牡丹花、梅花等纹样，盘金绣对花朵和枝干等细节处进行勾勒线条轮廓，平针绣覆盖整体纹样，纹样布局精巧，美轮美奂，绣工细致，色彩雅致。

4.3 红色地立水纹花绸盘金阑干马面裙

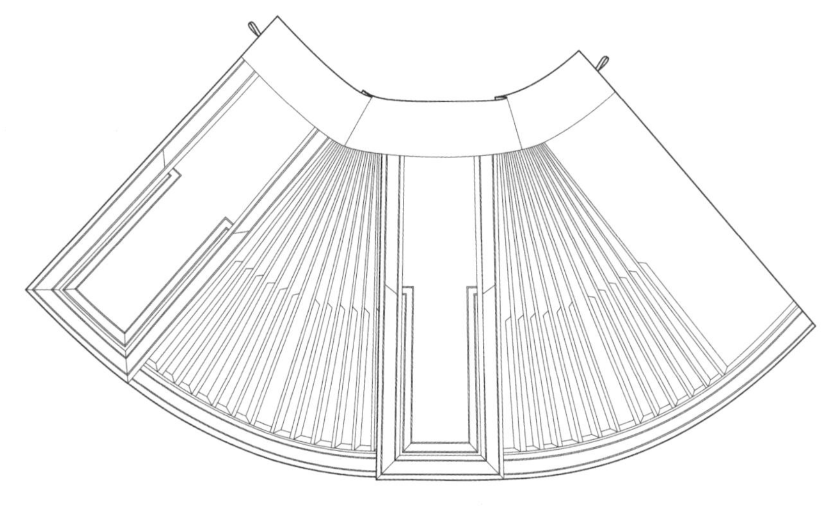

本件马面裙为红色地立水纹花绸盘金阑干马面裙，裙身以红色暗花绸面料为底，底布有八吉祥纹样凸显，增强肌理效果，上接白色棉布腰头，黑色素绸面料作宽6.5cm的缘边，并用于下摆。裙身由多块大小相等的梯形面料拼接缝制而成，形成褶裥，梯形面料之间用黑色条状阑干装饰形成立体效果。两侧裙胁分别纵向拼接十二栏，内外左右共四个裙门，裙腰处为一片式。这件马面裙全高79cm，展开后下摆宽228cm，马面宽35cm。马面及下摆处缘边内侧装饰有三蓝绣蝶恋花纹样镶边和贴边，镶边用浅蓝色嵌条分成三个部分。马面和裙胁部分的纹样由黄色和蓝色渐变颜色组成。此裙马面处绣有富贵有余纹样、江崖海水纹、蝴蝶纹样、梅花纹样。富贵有余纹样主要由牡丹花和鱼纹组成，分布在江崖海水纹上方，蝴蝶纷飞围绕着牡丹花。在中国传统意识里牡丹花开富贵，鱼和“余”谐音，组合起来象征吉祥、幸福，寓意富贵有余。两侧裙胁处绣有竖向排列的兰花草纹样，内裙门处单独绣有一株兰花草。同时使用三蓝绣和盘金绣两种刺绣针法覆盖整体纹样，使其金光闪耀、分外抢眼、做工精致。

4.4 红色地福平纹花绸盘金阑干马面裙

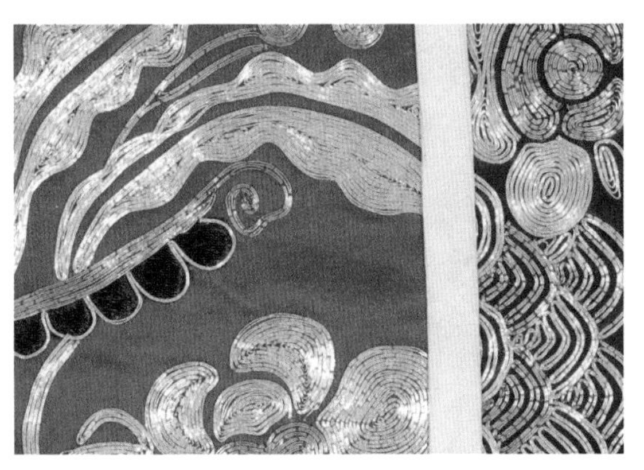

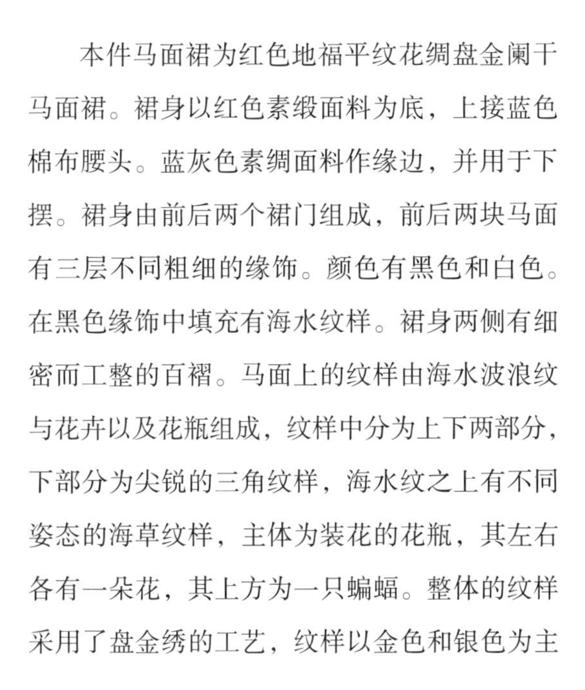

本件马面裙为红色地福平纹花绸盘金阑干马面裙。裙身以红色素缎面料为底，上接蓝色棉布腰头。蓝灰色素绸面料作缘边，并用于下摆。裙身由前后两个裙门组成，前后两块马面有三层不同粗细的缘饰。颜色有黑色和白色。在黑色缘饰中填充有海水纹样。裙身两侧有细密而工整的百褶。马面上的纹样由海水波浪纹与花卉以及花瓶组成，纹样中分为上下两部分，下部分为尖锐的三角纹样，海水纹之上有不同姿态的海草纹样，主体为装花的花瓶，其左右各有一朵花，其上方为一只蝙蝠。整体的纹样采用了盘金绣的工艺，纹样以金色和银色为主色，并以些许的黑色作点缀，各式的花草组合呈现了一幅生机勃勃的景象，其中水纹寓意着富、贵、寿、喜，花瓶寓意花开富贵，蝙蝠谐音“福”，也寓意着幸福和美好。裙身及装饰保存完整，色泽艳丽，总体风格雍容华贵。

4.5 红色地凤鸟纹花绸盘金阑干马面裙

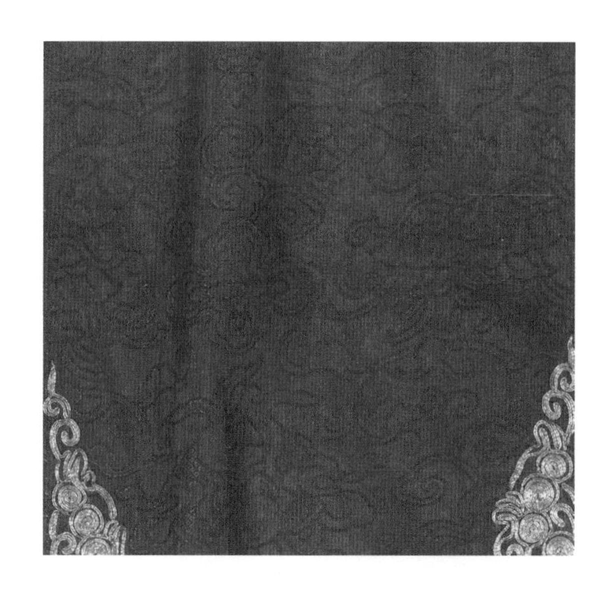

本件马面裙为红色地凤鸟纹花绸盘金阑干马面裙，裙身以红色暗花绸面料为底，上接白色棉布腰头。腰头左右两端各有一个襻，用于系结，黑色素绸面料作缘边，并用于下摆。裙底有八吉祥纹样凸显，八吉祥纹样与暗八仙纹样有所不同，八吉祥是藏传佛教的吉祥物，而暗八仙纹是道家八仙所持的宝物法器，但两者都有吉祥寓意。裙胁是由多块大小相等的梯形面料拼接缝制而成，梯形面料之间用黑色条状阑干装饰形成立体效果。两侧裙胁分别纵向拼接十栏，前后左右共四个裙门。马面和裙胁部分的纹样由蓝色、绿色、黄色、红色等颜色组成。此裙马面处绣有凤穿牡丹纹样。牡丹花为花中之王，凤为鸟中之王，二者结合意为光明、吉祥、富贵、美好，也比喻婚姻的美满。除牡丹花纹、凤纹之外，马面处还绣有菊花纹样。马面下半部分缘边处还绣有葡萄纹样，寓意多子多福。裙胁处也竖向排列着不同的花卉纹样与暗八仙纹样的组合，寓意吉祥富贵，整体纹样丰富、亮光闪闪、光彩夺目。同时结合了盘金绣与平针绣两种刺绣工艺，做工技法卓越，色彩搭配和谐。

4.6 灰色地博古纹花缎盘金阑干马面裙

本件马面裙为灰色地博古纹花缎盘金阑干马面裙。以灰色花缎面料为底，上接灰绿色棉布腰头。裙身由前后两个裙门组成，深蓝色素绸作约8.5cm的缘边，并用于下摆。前后两块马面有一层深蓝色的缘饰，填充有博古纹样。裙身两侧有细密而工整的百褶。这件马面裙全高约96.5cm，腰高13.5cm，展开后下摆宽度约202cm，马面高约83cm、宽约30cm。马面中间和两侧下摆上方为黑色的卷草纹样。马面纹样由大型花和小型花以及弯曲的树枝组成为二方连续纹样，中间的纹样采用了贴绣的工艺，蓝色缘饰内的纹样采用了盘金绣的工艺。纹样整体以金色为主色，并以些许的绿色作点缀。蓝色缘饰纹样中点缀有花朵的博古纹，寓意清雅高洁。其中卷草纹寓意着长生同时又有着富贵祥瑞的文化寓意。裙身及装饰保存完整，总体风格朴实无华。

4.7 黄色地富贵纹素缎盘金阑干马面裙

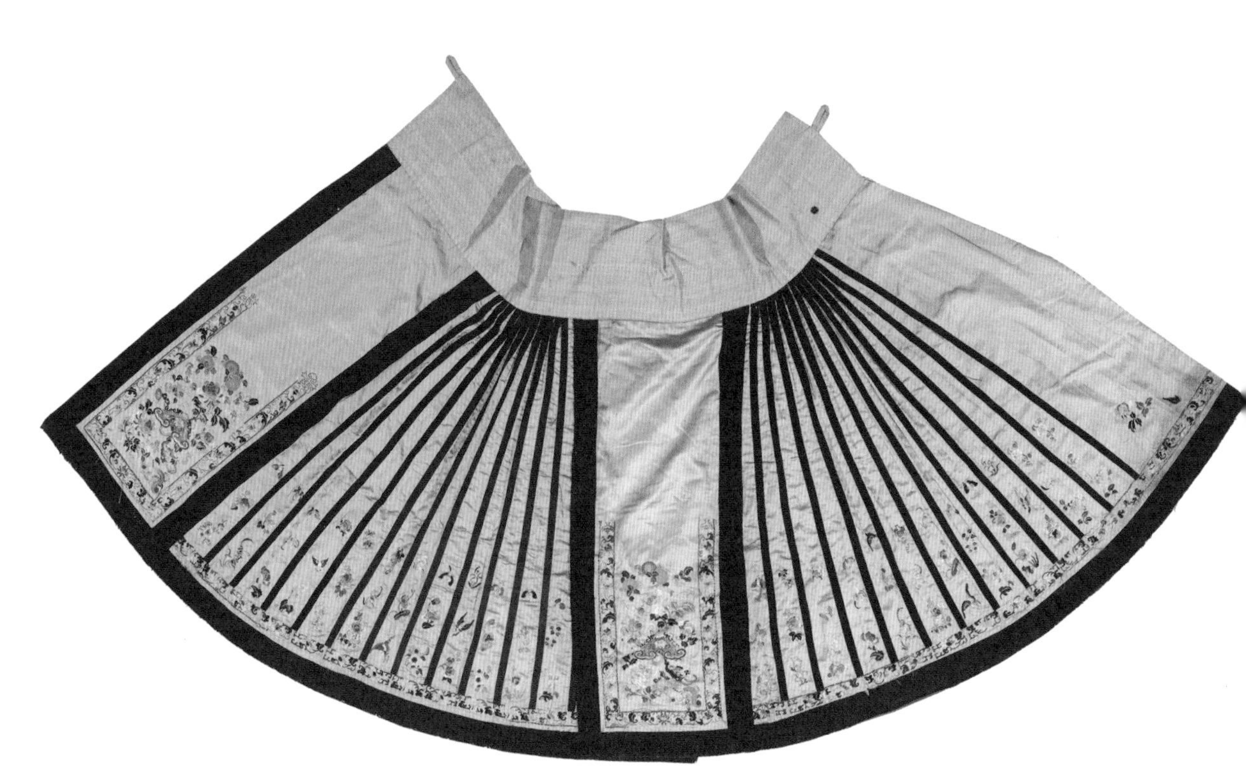

本件马面裙为黄色地富贵纹素缎盘金阑干马面裙，裙身以黄色素缎面料为底，上接白色棉质腰布，黑色素缎面料作宽5.5cm的边缘，并用于下摆。裙胁上通过十一条细缎将裙胁分割成大小相同的等距阑干马面裙，两侧阑干成左右对称的自然形态。这件马面裙全高101.8cm，腰高20cm，展开后下摆宽150cm，马面宽33.4cm。裙胁上绣有莲花、梅花、牡丹等各色花卉与蝴蝶纹样，在马面与下摆的边缘装饰采用三蓝绣莲花纹样，旁边加以盘金绣边饰。马面下半部分为组合刺绣纹样，上方几颗硕果，以打籽绣绣法绣出，纹样中心为蓝绿色伞盖，结合平针绣与打籽绣，其上下各绣一朵粉红牡丹，四周环绣蝙蝠、石榴、灵芝等纹样，下方绣有桃子与浮尘。蝙蝠、寿桃与灵芝组合，寓意“福至心灵”；与石榴组合，寓意“多福、多寿、多子”；与牡丹组合，寓意“富贵福寿如意”。诸多纹样的组合使用表达了对穿着者富贵吉祥的美好祝福。整体画面繁而不杂，布局十分有条理，各式纹样写实生动并蕴藏深意，色彩明亮鲜艳，纹饰绣工精致。

4.8 黄色地花篮纹花绸盘金阑干马面裙

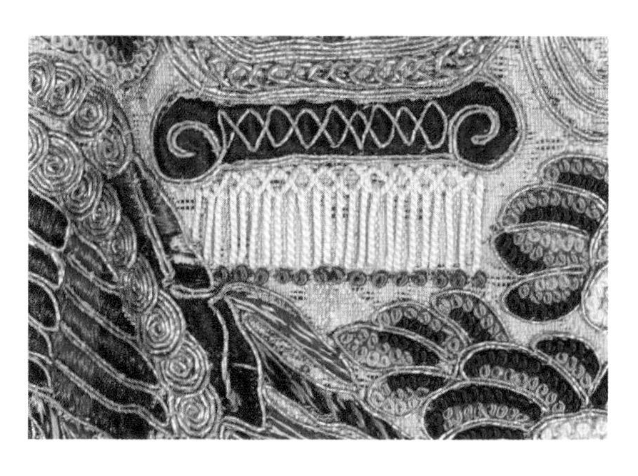

本件马面裙为黄色地花篮纹花绸盘金阑干马面裙，裙身以黄色暗花绸面料为底，底布有皮球花纹样和梅花纹样凸显，增强肌理效果，上接白色棉布腰头，腰头左右两端各有一个襻，用于系结，黑色素绸面料作宽4cm的缘边，用于下摆。裙身由多块大小相等的梯形面料拼接缝制而成，梯形面料之间用黑色条状阑干装饰形成立体效果。两侧裙胁分别纵向拼接五栏，前后左右共四个裙门。马面及下摆处缘边内侧装饰有三蓝绣花卉纹样的贴边，边缘还饰有黑色绲边和镶边、蓝色和金色嵌条。这件马面裙全高93.4cm，腰高16.4cm，展开后下摆宽229cm，马面宽30cm。马面和裙胁部分的纹样由红色、黄色、蓝色、紫色、绿色等几个颜色组成。两侧裙胁处绣有竖向排列的兰花和竹叶纹样，马面处绣有孔雀花篮纹，旁边还绣有“U”形花边纹样做边饰。该纹样主要由两只孔雀、花篮、一柄如意、牡丹、梅花、兰花、蝙蝠、菊花等纹样组成。两只孔雀排布在两个对角上，它们在神话中是“凤凰”的化身，被视为优美和才华的体现；牡丹花雍容华贵、国色天香，是我国传统的花中之冠，自古就有富贵吉祥、繁荣昌盛的寓意。孔雀配牡丹则是喜庆吉祥、富贵幸福的寓意。同时使用打籽绣、盘金绣、平针绣等刺绣针法覆盖整体纹样，色彩华美、技巧丰富多变。

4.9 绿色地蝶恋花素缎盘金阑干马面裙

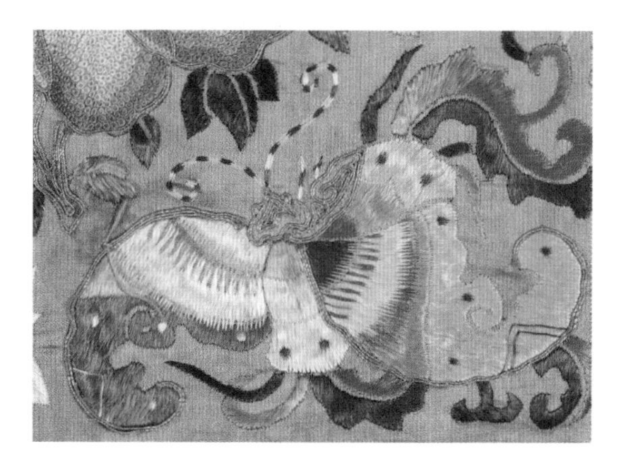

本件马面裙为绿色地蝶恋花素缎盘金阑干马面裙，裙身以绿色素缎面料为底，上接黑色绸料腰头，黑色素缎面料作宽2cm的边缘，并用于下摆。裙胁上通过十条细缎将裙胁分割成阑干马面裙，每栏都平绣有各色花卉与蝙蝠。这件马面裙全高86cm，腰高17.2cm，展开后下摆宽118.5cm，马面宽29cm。马面下半部分为组合刺绣纹样，中心主绣一朵牡丹，针法以打籽绣为主，打籽细密整齐，制作工艺精湛，打籽绣的边缘辅以金线，盘组图形以丝线钉缝固定来表现外轮廓，使纹样立体感强。纹样的左上角与右下角分别以平针绣以蝴蝶，配色丰富多彩，蝶姿生动。绣线多选用粉、蓝色系，少量搭配绿色或其他颜色的绣线修饰，整体配色和谐统一。纹样左下角与右上角分别以平绣、盘金绣技法绣以菊花、牡丹花纹，盘金纹样使用金线盘制，金线盘绕间距规整紧密，并用丝线细密钉缝，视觉效果十分多彩。牡丹与蝴蝶组合的纹样称为蝶恋花纹，蝴蝶代表美好的事物，牡丹花则象征着富贵、追求，两者在一起表达出美好的寓意。中国传统文学常把双飞的蝴蝶作为自由恋爱的象征，表达了人们对自由爱情的向往与追求。整体刺绣生动精致、色彩缤纷明亮、搭配灵活生动。

4.10 绿色地蟒纹暗花缎盘金阑干马面裙

本件马面裙为绿色地蟒纹暗花缎盘金阑干马面裙，裙身以绿色花缎面料为底，上有盘长纹、如意纹等吉祥纹样。黑色素缎面料作宽缘边，并用于下摆。马面及下摆镶边内侧装饰有白底粗绦条，上织佛手石榴纹、回字纹，寓意多子多福。两侧裙胁分别纵向拼接为七栏，每栏拼接处饰有一半黑色如意云头装饰，另装饰黄色细绦条。马面下半部分为组合刺绣纹样，其主体纹样为蟒纹与江崖海水纹。底部为紫、蓝、白、绿相间的江崖海水纹，有着吉祥安泰、祝颂平安、延绵长寿的美好寓意，浪花上方运用盘金绣针法主绣一条蟒，使用金线盘制，金银线盘绕间距规整紧密，并采用红色丝线进行钉缝固定，使盘金纹样呈现出多彩的视觉效果，十分美丽。在蟒的四周环绕云纹，四角搭配法轮、宝伞、法螺、白盖等八仙纹样；蟒纹与江崖海水纹以示尊贵。整裙绣有各种祥瑞元素，纹样生动形象，栩栩如生，丰富多彩。纹样做工精细，装饰繁复，十分精美，颜色搭配丰富，端庄大气。

4.11 红色地凤穿牡丹纹花绸盘金阑干马面裙

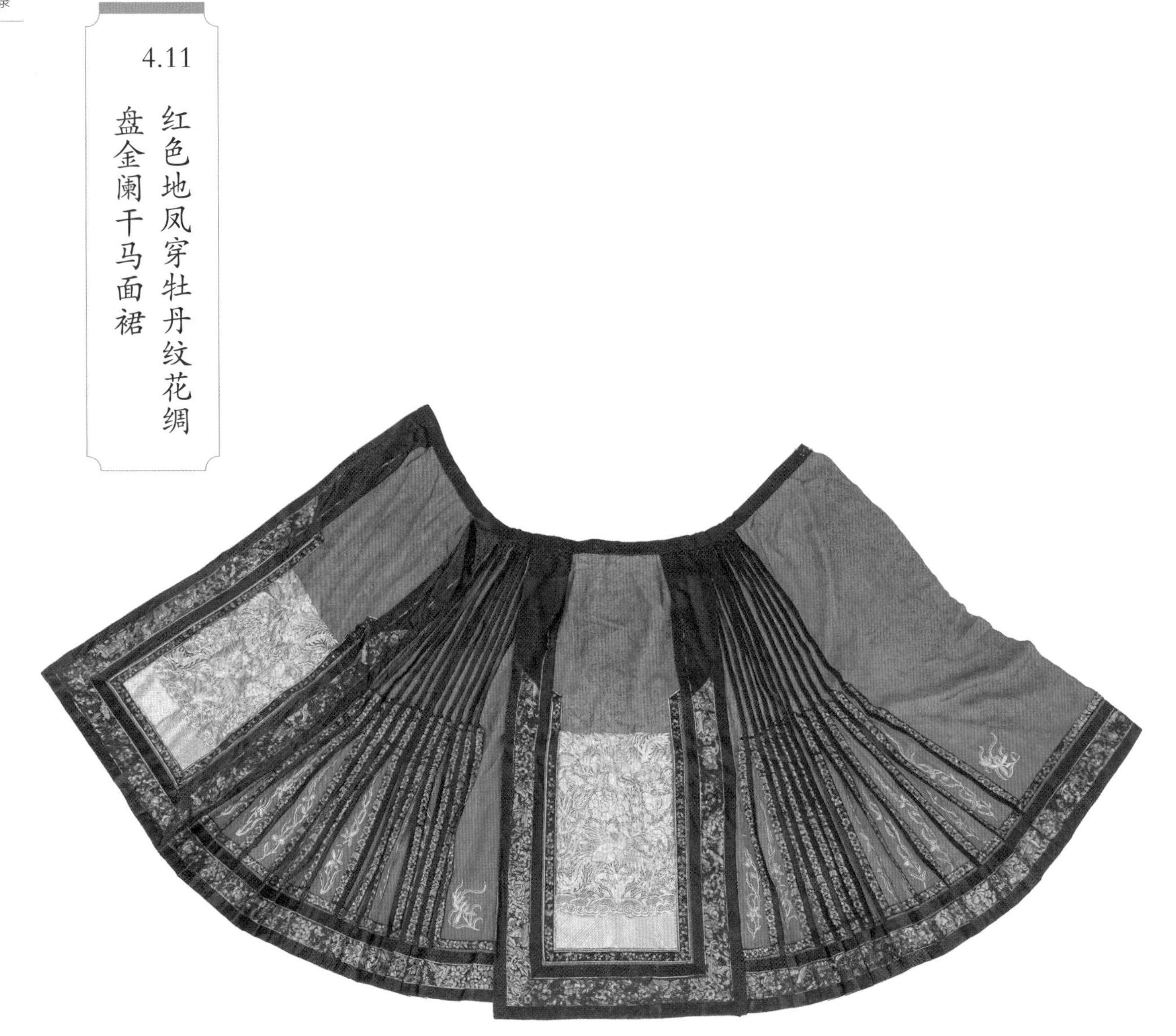

本件马面裙为红色地凤穿牡丹纹花绸盘金阑干马面裙，以红色暗花绸面料为底，与黑色素绸腰头拼接，黑色素缎面料作宽缘并沿用于下摆，镶边上层分别饰有黑底蓝色蝴蝶花卉刺绣纹样。马面处为方形组合主题纹样，以凤穿牡丹纹样为主体，整体以盘金绣为主，元素呈对角分布，牡丹居于中心位置，周围环绕有兰花、菊花和水仙花纹样，下方为江崖海水纹。整裙纹样庄重和谐、华贵端庄，有吉祥安宁、富贵兴旺的美好寓意。

4.12 红色地鹤立江崖纹素缎常规马面裙

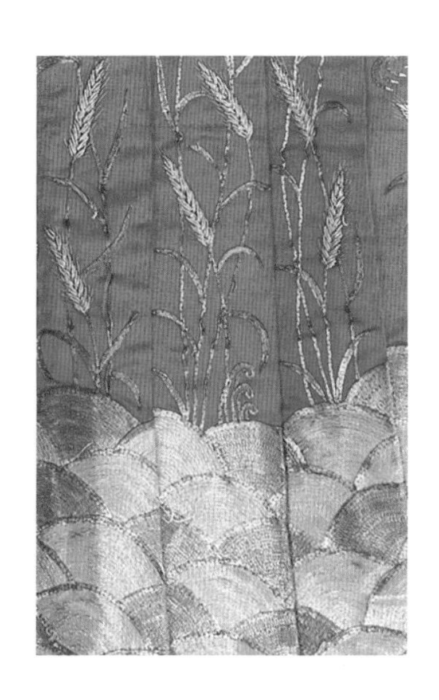

本件马面裙为红色地鹤立江崖纹素缎常规马面裙，以红色素缎面料为底，裙身下部为统一纹样布局，裙摆处为海水江崖纹，海水由黄色、绿色和红色搭配凸显层次，海水之上有山石纹以及直立的芦苇纹样，山石纹上为仙鹤单腿独立于芦苇丛中。裙身纹样装饰基本由盘金绣工艺铺设绣出，细密整齐且有光泽，凸显富贵庄重。仙鹤纹常作长寿健康之代表，结合江崖海水纹的加持，涵盖有深厚丰富的吉祥寓意。

锦绣罗裙——传世马面裙鉴赏图录

第5章

浅深颜色随浓淡

——月华马面裙篇

马面裙中还有一种月华裙。“月华”是指月光洒落在云上，呈现出的彩色光环，因此有学者猜测，月华裙名中的“月华”多来源于女性穿着月华裙行走时的色彩变动的样子。月华裙的特点是马面两侧每一裙幅的用色不同，在明亮色之间会掺杂深色或者复色，甚至还有对比色配对。总的来说，月华裙就是多裙幅、多配色的马面裙。李渔《闲情偶寄》中提到：“月华裙者，一裥之中，五色俱备，犹皎洁月之现华光也。”但是李渔并不推崇月华裙，认为“人工物料，十倍常裙，暴殄天物，不待言矣，而又不甚美观。盖下体之服宜淡不宜浓，宜纯不宜杂”。

5.1 八色花绸鱼鳞百褶月华马面裙

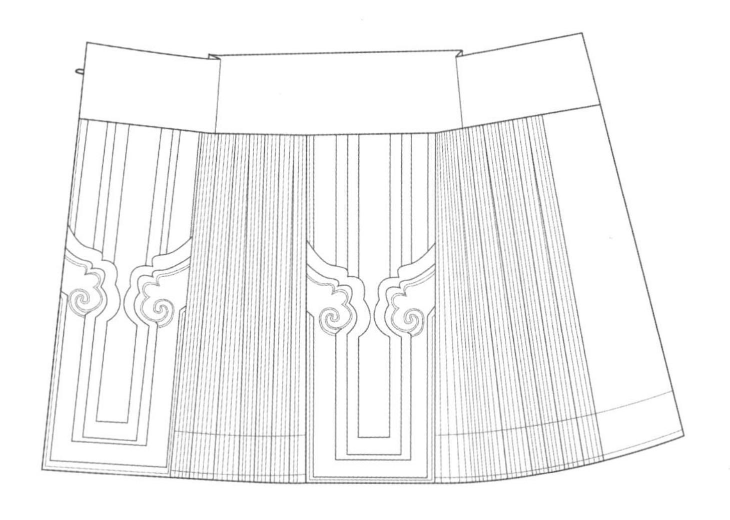

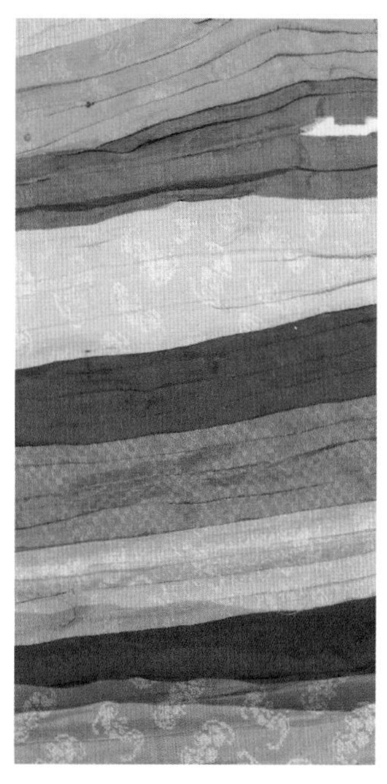

本件马面裙为八色花绸鱼鳞百褶月华马面裙，裙身整体色彩搭配明亮醒目，边缘装饰繁复，华丽庄重。马面裙全高97.5cm，腰高17.5cm，展开后下摆宽180cm，马面宽30cm，马面处以红色花绸面料为底，黄色与湖蓝色素绸面料和各色织带结合，作宽11cm的马面缘边，并用于下摆，在马面中部呈如意云头造型镶绲装饰。两侧裙胁处布满细褶，在褶裥与褶裥之间以交错秩序的短针连接，裙幅展开时呈鱼鳞状。两侧裙胁为八幅不同颜色的面料拼接而成，采用顺向的统一配色方案，从左至右依次为紫灰、深紫、杏黄、草绿、玫红、米白、湖蓝、橘黄色，不同色相组合在一起构成强烈的视觉效果。各色花缎织出蝙蝠、团花四合云及棋盘格纹样，裙身层次丰富多样。与裙身花色相对的是，裙腰处使用桃红色棉布拼接。此裙综合运用多种纹样，结合刺绣工艺，整体传达出万事如意、福寿双全等吉祥寓意。马面边缘与裙幅下摆的黄色缘边处绣有四季花卉、蝴蝶、葫芦与盘长纹样，蓝绿色线相呼应，排列均衡且富有条理，繁而不杂。裙门下部绣有凤戏牡丹组合的主体纹样，凤凰神态尊贵冷艳，栖于牡丹枝上，有着万物欢欣、富贵常在、荣华永驻的寓意，纹样以盘金绣填充背景，花型以平绣加工，整体淡雅却不失华贵。

5.2 九色花绸鱼鳞百褶月华马面裙

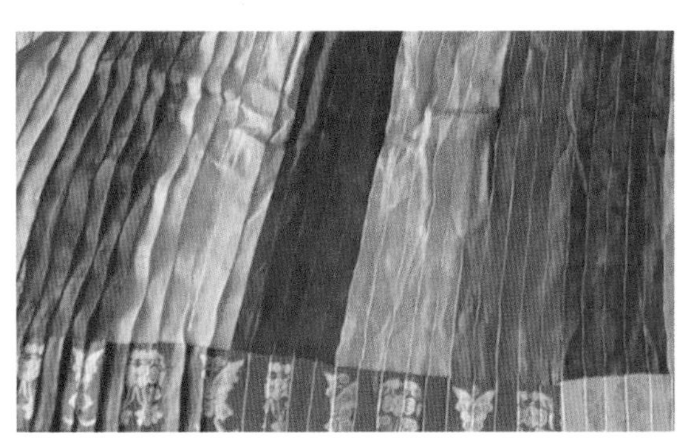

本件马面裙为九色花绸鱼鳞百褶月华马面裙，裙身由多种颜色花绸面料拼缝而成，裙身及装饰保存完整，色泽鲜艳靓丽，总体风格灵动大方。马面处分别以红色花绸与水绿色花绸面料为底，搭配水绿色与紫红色花绸面料作内缘边，再以蓝色素绸作马面及下摆的外缘边。两侧裙胁采用统一的顺向配色方案，从左至右依次以橘黄、天蓝、紫红、水绿、绛红、黄绿、粉色及紫色条状花绸作拼接，每条花绸部分有5道单向褶，从裙胁两侧向中心合抱。与裙身花色相对的，上方裙腰使用素色棉布拼接。此裙综合运用多种纹样，结合织造显花工艺，整体传达出吉祥、长寿安康之良愿。马面内镶边织有蝴蝶纹、凤鸟团纹，裙胁处下摆内镶边为多种纹样织带拼接而成，右侧裙缘处嵌有“卍”字形纹饰织带与团凤团寿纹织带，“卍”字在梵文中意为“吉祥之所集”，是人们对于美好生活寄予万事如意、福寿安康的祈愿。马面左右下角处均有镂空如意蝴蝶纹样，镂空的工艺设计凸显了蝴蝶空间感，豆绿色与宝蓝色形成鲜明的色彩对比，两侧拼色褶裥下摆处也应用了对比色的搭配，十分引人注目。

5.3 多彩蝶恋花纹鱼鳞百褶月华马面裙

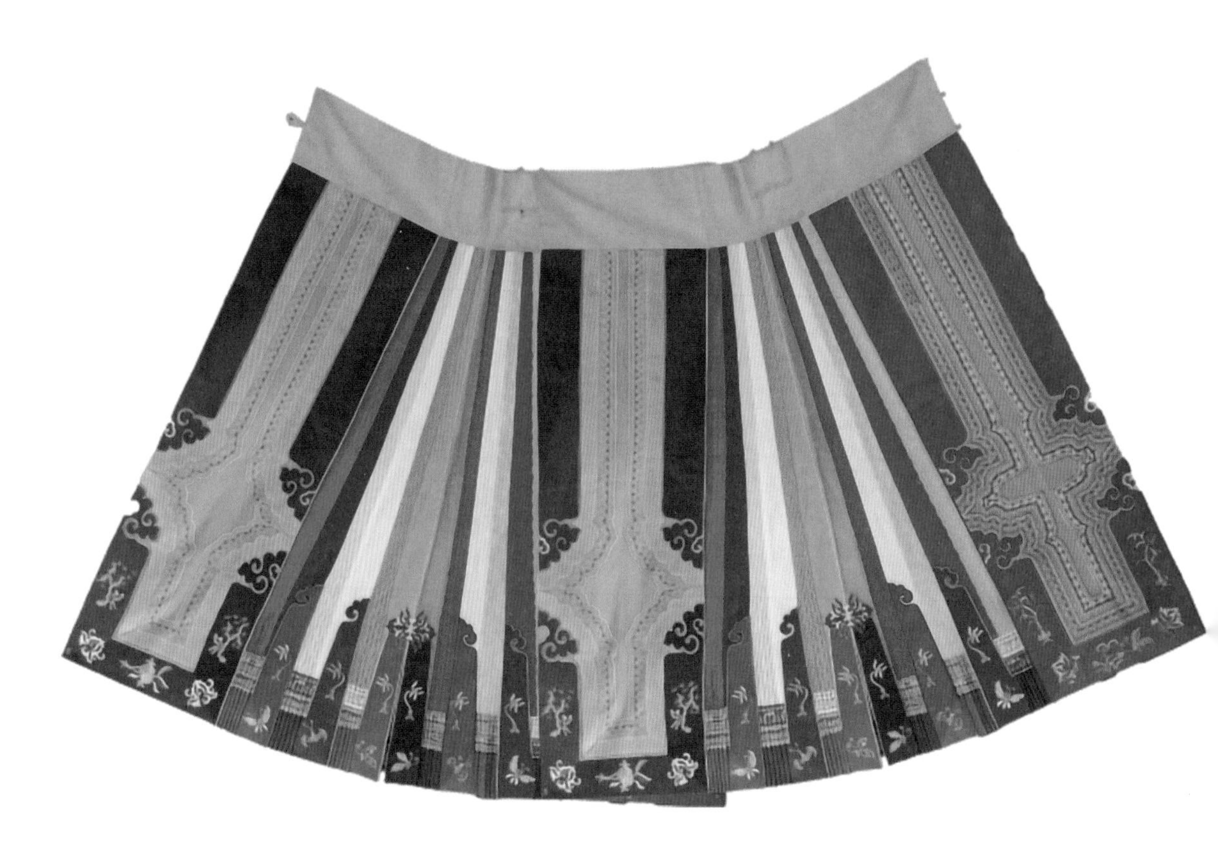

本件马面裙为多彩蝶恋花纹鱼鳞百褶月华马面裙，目前仅保存一半裙片。裙身色彩艳丽、装饰精美、工艺精湛，整体呈现出大气的风格特点。马面裙上方腰头使用橘色棉布拼接，马面及下摆处的宽缘边主要为靛蓝和宝蓝两种颜色面料，两处马面面料为水绿色与亮橙色。裙胁处分割裁片细而密，排列上整齐有序，为不同颜色的面料拼接而成，从左向右依次为红色、紫色、粉色、白色、橘黄、水绿、玫红、淡黄、月白、蓝色、杏黄色鱼鳞百褶面料拼接，配色采用明亮色夹杂深色或复色的撞色组合，如大红配深紫、橘黄配水绿、玫红配淡黄、月白配靛蓝，这些色彩通过撞色搭配，丰富了裙子的层次。马面镶边上有石榴和蝴蝶等刺绣纹样，石榴寓意着多子多福；蝴蝶因蝴音似“福”，蝶音似“耋”，蝴蝶纹样通常被寓以“长寿”之意。左侧紫色马面上有猴子抱桃的刺绣纹样，由于“猴”和“侯”同音，象征官运，且桃有长寿之意，故有福禄寿喜的寓意。马面裙下方有五只形态各异的蝴蝶贴绣，栩栩如生，活灵活现，同时贴有如意纹纹样，代表着吉祥、称心、如意的美好寓意。

5.4 五彩牡丹素绸鱼鳞百褶月华马面裙

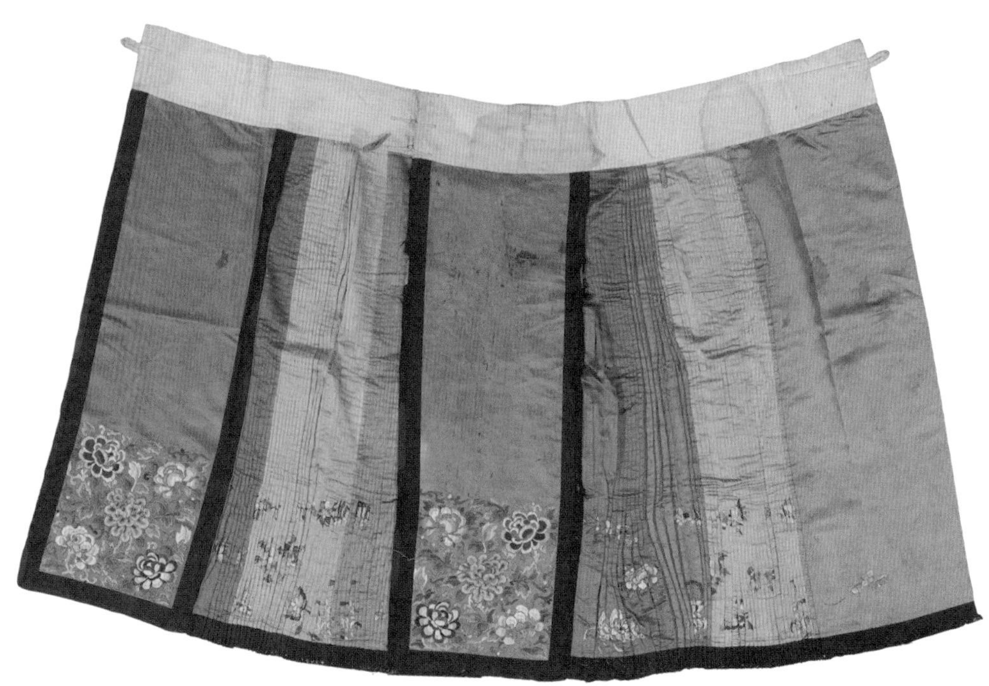

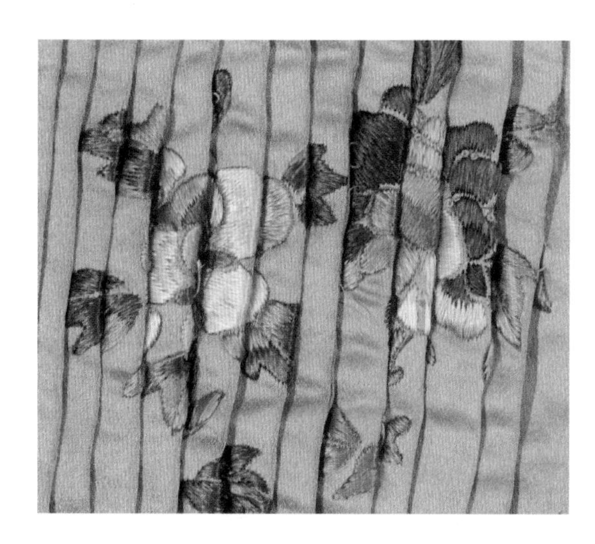

本件马面裙为五彩牡丹素绸鱼鳞百褶月华马面裙，整体风格简洁大方，色彩缤纷明亮、干净利落，刺绣纹样生动繁复。马面处以橘色绸缎面料为底，黑色素绸面料作宽缘边，并用于下摆缘边。马面裙上接白色棉布面料裙腰，两侧裙胁以不同颜色的布片拼合而成，左侧四幅不同颜色从左至右依次为靛蓝、杏黄、浅绯、水绿色，右侧至内马面依次为靛蓝、橘黄、浅绯、杏黄、水绿等颜色，对比色相的色彩搭配大胆且独特，富有视觉冲击力的同时具备视觉和谐感。此裙马面下部绣有牡丹组合纹样，四朵角隅纹样围绕主体纹样的排列结构均衡巧妙，别出心裁。牡丹纹样运用平绣的刺绣工艺，绣面细致入微，纤毫毕现，富有质感。中间橘红色渐变的牡丹纹样除平绣外还运用了盘金绣工艺，用金线绣出花瓣轮廓，起到突出视觉重点的作用。裙胁处的鱼鳞细褶裥上叠加二次工艺，绣有蝴蝶、牡丹纹样，蝴蝶在牡丹花间翩翩起舞，牡丹被视为荣华富贵的象征，并有吉祥之意，与蝴蝶纹搭配寓意着捷报富贵、繁荣昌盛，表达了人们对于美好生活的向往。

5.5 五彩花绸鱼鳞百褶月华马面裙

本件马面裙为五彩花绸鱼鳞百褶月华马面裙，裙身色彩艳丽明亮、工艺繁复，整体呈现出简约大气庄重的风格特点。马面以红色花绸面料为底，黑色花绸与宝蓝色素绸面料拼接作宽缘边，并用于下摆缘边。两侧裙胁处为三幅不同颜色的面料拼接而成，色彩顺序一致，从左至右依次为淡绿、亮橙、宝蓝色，高饱和度的对比色拼接在一起构成视觉碰撞效果，面料选用的暗纹提花均衡了裙身色彩的冲击性，构成和谐舒适的视觉感受。裙胁部分以均匀间距的鱼鳞百褶结构装饰。与裙身花色相对，上接白色棉布面料裙腰。马面裙裙门处以浅绿色花朵与蓝色的绦边构成回形纹，马面下部为场景纹样，由凤凰、麒麟、栏杆、花枝等元素构成组合场景纹样，以打籽绣、盘金绣两种工艺呈现。马面中心的牡丹花纹与右下角的麒麟纹样运用了三蓝绣的工艺手法，辅以盘金绣作为点缀，色彩过渡柔和，格调清新雅致。马面旁的黑色镶边处绣有盘长纹样，也称“吉祥结”，呈对称分布，寓意着源远流长、生生不息。在回形状绦边旁的盘长纹下还绣有编钟纹样，编钟纹样下方挂着红色流苏的玉佩，为整体增添了层次感。

5.6 十色花绸鱼鳞百褶月华马面裙

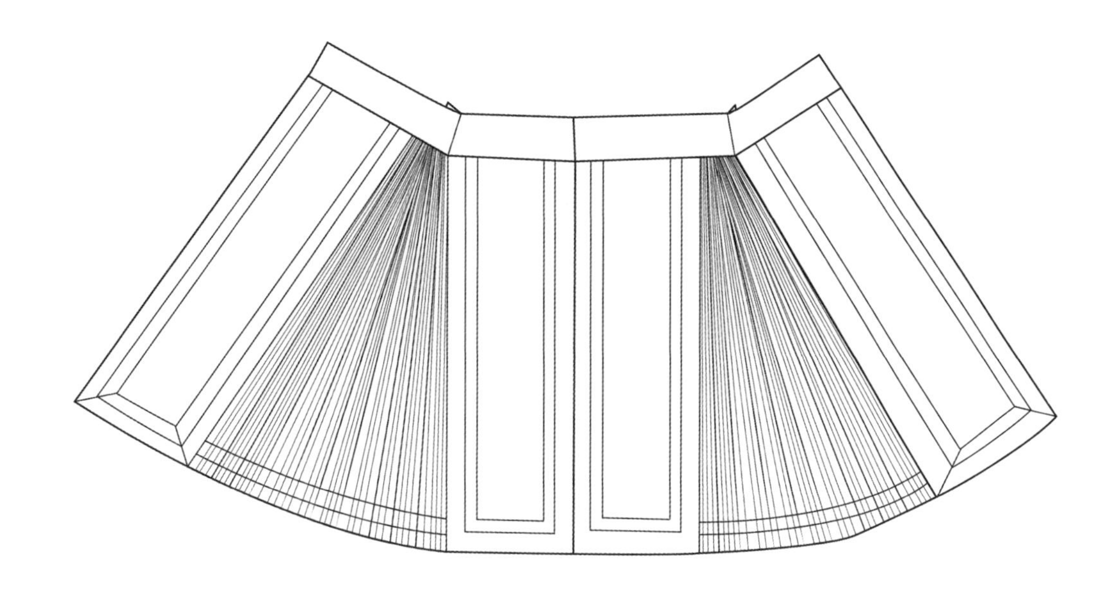

本件马面裙为十色花绸鱼鳞百褶月华马面裙，裙身艳丽多彩、边缘装饰精美。此裙的最大的特点是前后里外共有四个裙门显露，无重叠，且每个裙门装饰完整，中间的两个裙门马面分别以橘色暗花绸和红色暗花绸面料为底，杏黄色素绸面料作宽缘边，并用于下摆缘边。四个马面均以瓦松绿色花卉纹织带作内镶边，外侧为缠枝莲花团花纹样镶边，马面旁边布满鱼鳞褶，色彩两侧对称，为十幅不同颜色的面料拼接而成，从左至右依次为宝蓝、藤黄、褐色、月白、橘红、竹青、乳白、大红、奶棕等颜色，同时运用了对比色与同类色的搭配方式，呈现出丰富的质感和层次感，与裙身花色相对的上方裙腰使用白色棉布拼接。马面外缘边主要运用了平绣、盘金绣工艺，构图疏密有致，规整有序的团花式样结合缠枝纹，缠枝在其中穿插回旋，富有层次，优美生动。四个马面的左右两侧边角部位均有如意纹的挖云边饰，整体传达出生生不息、万事如意等吉祥寓意。

锦绣罗裙——传世马面裙鉴赏图录

第6章

不减风流赋洛神
——常规及改良马面裙篇

马面裙是清代、民初女性最基本的裙装，是在传统“围裙”的基础上，加上裙门、褶裥、阑干、刺绣等结构工艺及装饰变化而成，并在近代发展完善和成熟。裙子两侧是褶裥，前后中间有一部分是20～27cm的平幅裙门，俗称“马面”。马面由两片重叠组合形成，外裙门多作装饰，内裙门作较少的装饰甚至不作装饰。装饰方法多为刺绣或镶、拼贴等工艺，有修饰女性体型，突出人体重心的作用。近代以后，马面裙上的装饰越加多元，出现了蕾丝花边与流苏等元素，马面裙的形制也变得多样创新，甚至在穿用者的主观审美下进行了二次加工改制，样式更显时髦。

6.1 红色地暗花缎压褶常规马面裙

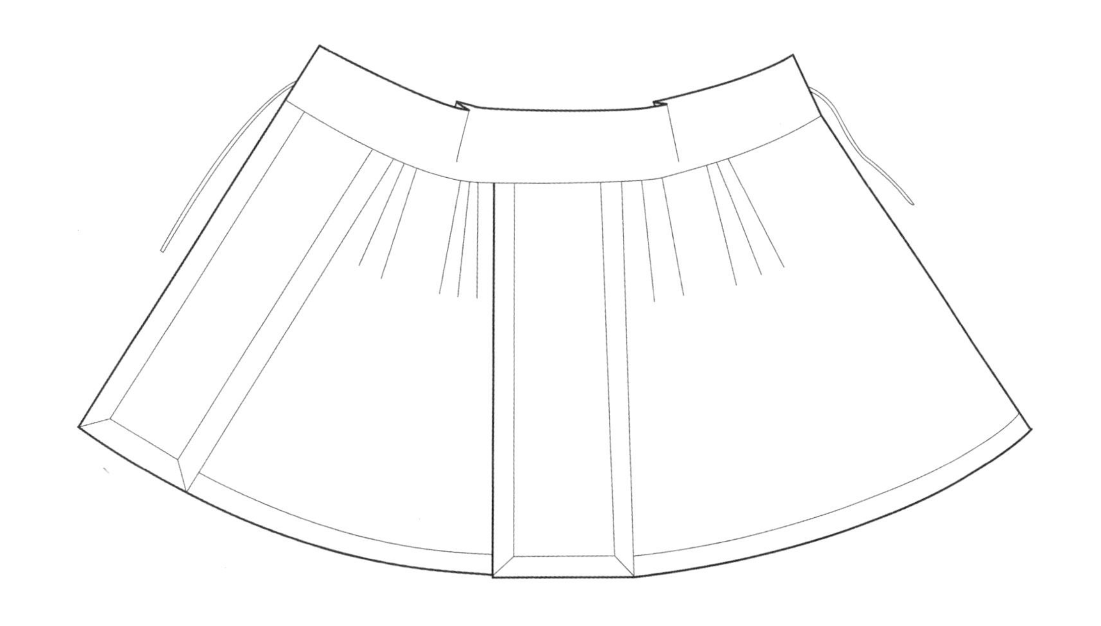

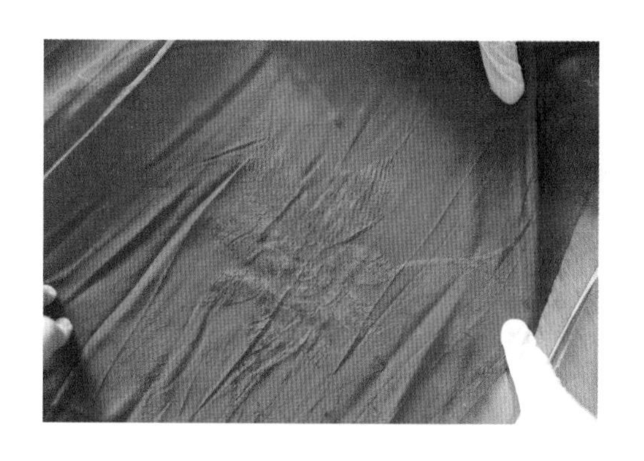

本件马面裙为红色地暗花缎压褶常规马面裙，整体风格简洁大方，清雅美好。此裙保存状态良好，色彩鲜艳度保存极佳。此裙以红色提花绸面料为底，马面与下摆处饰蓝色提花织带。裙身上接白色棉布宽腰头，蓝色花缎面料作宽缘边，蓝缘上织绣有白色蝴蝶、石榴、花卉等纹样组成的二方连续纹样。两侧裙胁在腰头处分别有五个褶裥，仅于腰部收束，向下灵活展开，下摆处活动空间更大。腰头左右两边各有一条系带，用于系结。裙身的红色花绸面料织有花纹，为佛手及花卉纹样。佛手谐意“福”，石榴暗喻“多子”。整条马面裙配色和谐统一，工艺精湛，喜庆吉祥。

6.2 红色地江崖海水纹素缎常规马面裙

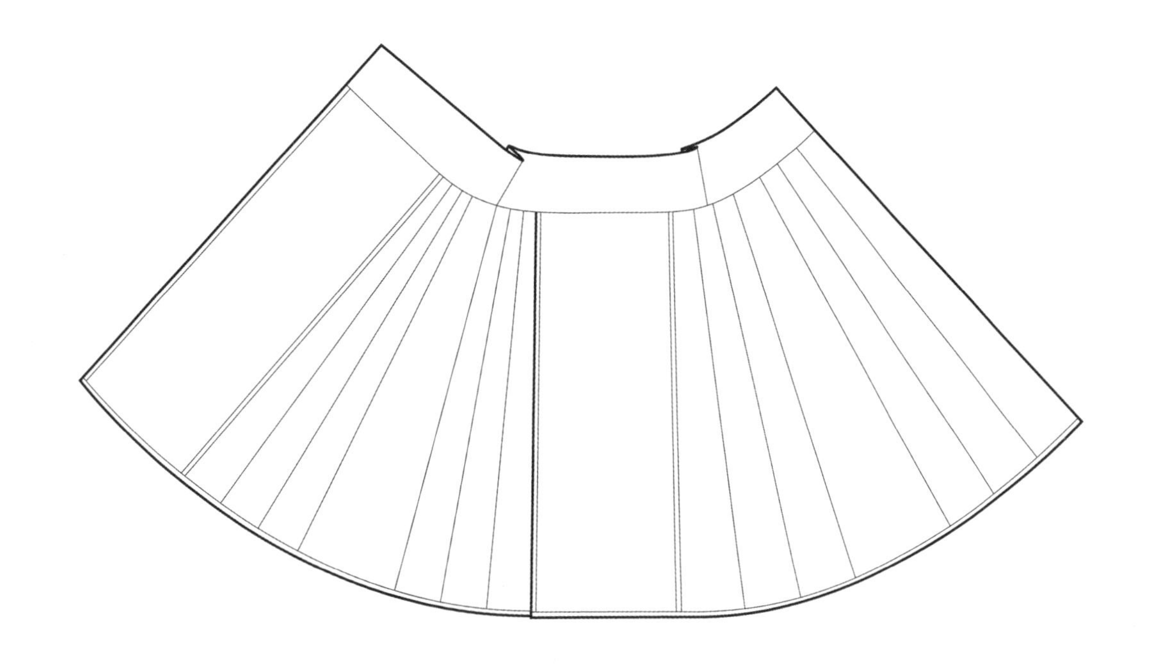

本件马面裙为红色地江崖海水纹素缎常规马面裙，两边的裙幅由多块裙片拼接缝制而成。此裙以大红色素缎面料为底，黄色素绸面料作宽缘边，并用于下摆。马面裙上接灰蓝色棉布腰头，两侧裙胁分别纵向拼接七栏，前后左右共两个裙门，为一片式裙。裙身选用的红色最喜庆的颜色，在中华服饰文化中与婚嫁习俗相关联，是中国传统婚礼上的服装既定色调之一；马面和裙胁部分的纹样由蓝色、绿色、黄色、粉色等颜色组成。此裙马面处绣有江崖海水玉兰花纹样。该纹样是由玉兰花纹样和江崖海水纹样组成，是中国传统寓意纹样，在中国传统的装饰艺术中蕴藏深意。玉兰花纹样寓意忠贞不渝、纯洁高贵的爱情；江崖海水纹在玉兰花纹样的下端，象征福寿绵长。两者结合代表了中国女性对美好生活的祝福与期盼。裙胁处有竖向排列的玉兰花刺绣纹样。纹样基本以平针刺绣手法覆盖，玉兰花花蕊处用打籽绣点缀，海水边缘处有盘金绣勾边，做工平整精细，纹样生动形象，肌理丰富多样，色彩搭配和谐。马面及下摆处缘边内侧饰有金黄色细绦边。

6.3 红色地鹤寿延年纹素缎常规马面裙

本件马面裙为红色地鹤寿延年纹素缎常规马面裙，两边的裙幅由多块裙片拼接缝制而成。马面裙全高94cm，腰高19cm，展开后下摆宽186cm，马面宽31cm，上接白色棉布宽腰头，取白头偕老之意，腰头部分由七颗一字扣固定，两侧裙胁分别纵向拼接七栏，前后左右共三个裙门。马面及下摆处缘边内侧饰有2cm的宝蓝色同色双绲边。此裙以大红色素缎面料为底，蓝色素绸面料作宽2cm的缘边，并用于下摆。马面和裙胁部分的纹样由绿色、黄色、粉色等颜色组成。此裙马面处绣有鹤寿延年纹样，该纹样是由仙鹤纹样和仙桃纹样组成。仙鹤寓意有延年益寿，仙桃寓意送子多子，都是具有代表性的中国传统吉祥纹样。裙胁部分主体上绣有福寿三多纹样，局部分布着菊花纹、牡丹纹、梅花纹和盘长纹样。其中福寿三多纹样由佛手、桃子和石榴组成，表现多福、多寿、多子的颂祷。同时整体纹样以茎针绣为主，花心处有打籽绣点缀，配色和谐统一，纹样生动有趣。

6.4 红色地牡丹纹素缎阑干马面裙

本件马面裙为红色地牡丹纹素缎阑干马面裙，整体艺术风格富贵华丽、稳重大方。裙身以红色丝绸素缎面料为底，上方使用粉色织花棉布拼接，白色花边作宽缘边，并用于下摆边缘。马面镶边内层、下摆镶边上层以及裙胁上饰有白色细绦边。裙胁上平绣各色花卉。马面中间装饰菱格状的网纹编织，加以细缕飘动的流苏。马面下半部分主绣一枝牡丹，以整枝牡丹的枝茎穿插布以全幅，不但有上扬和下垂的大花朵，还有小花和花苞，花叶间用细而流畅的线条连接作枝茎，花形写实、姿态生动。左上方还绣有一只雀鸟。此裙纹样主要以粉色与绿色两个色调做搭配，颜色搭配丰富且饱和度较高，对比亮眼、搭配和谐。每一朵花的绣制渐变自然，极尽精美。牡丹花纹被赋予吉祥寓意流传至今，也常有“花开富贵”之意。

6.5 红色地凤穿牡丹纹素缎阑干马面裙

本件马面裙为红色地凤穿牡丹纹素缎阑干马面裙，是由多块大小不一的梯形面料拼接缝制而成，没有褶裥，梯形面料之间用白色条状阑干装饰形成立体效果。此裙以大红色素绸面料为底，白色流苏编织花边作宽缘边，并用于下摆。马面裙上接粉色棉布宽腰头，腰头左右各一条长系带，用于系结。两侧裙胁分别纵向拼接七栏。马面和裙胁部分的纹样由粉色、绿色、蓝色、紫色等颜色组成。此裙马面处被流苏分隔成了三个部分，上方绣有花卉纹样，中间绣有凤穿牡丹纹样，下方绣有蝶恋花纹样。凤穿牡丹纹样主要由牡丹花和凤凰纹样组成，牡丹花居于下方，一对凤凰穿梭其中，牡丹、凤鸟相结合，象征美好、光明和幸福；蝶恋花纹样由一对蝴蝶和梅花纹样组成，蝴蝶置于梅花的左右，象征幸福和爱情，给人以鼓舞、陶醉和向往。两侧裙胁处绣有错落有致的花卉纹样。同时使用平针绣和打籽绣两种刺绣针法覆盖整体纹样，做工精细、色彩过渡和谐、栩栩如生。马面两侧装饰有白色底粉色花卉的波浪形缘边，马面及下摆处缘边内侧装饰有细绦边，裙边缘还饰有流苏，走动时摇曳生姿，随风摆动。

6.6 红色地花开富贵纹素缎阑干马面裙

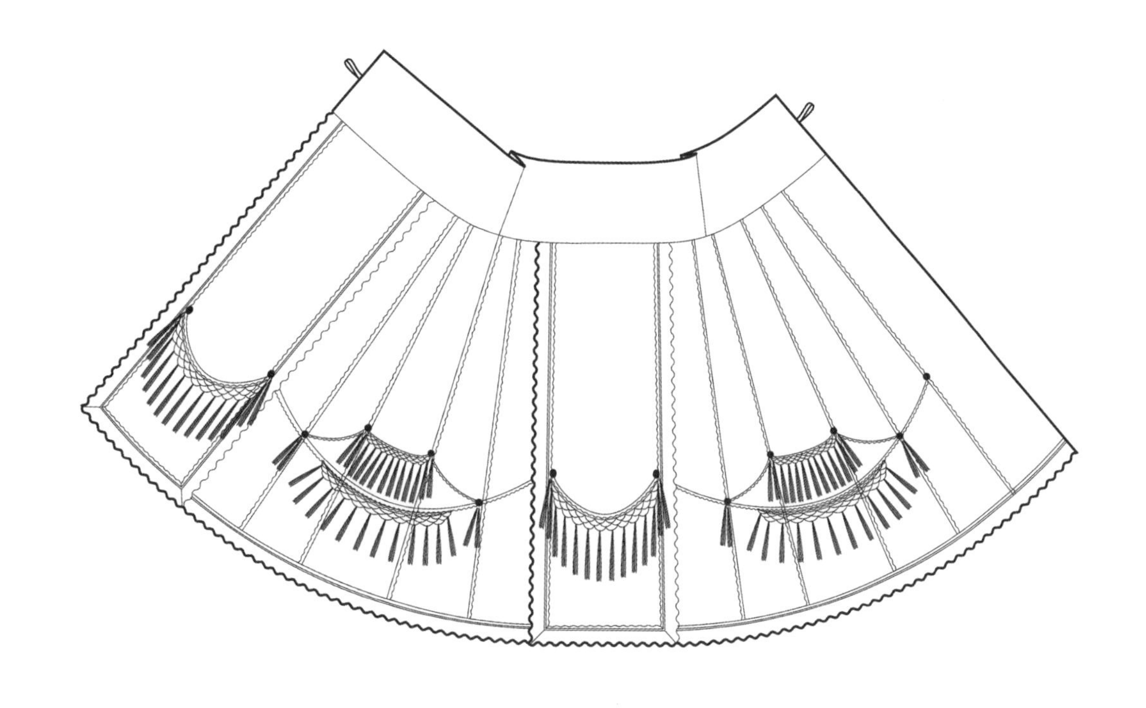

本件马面裙为红色地花开富贵纹素缎阑干马面裙，是由多块大小不一的梯形面料拼接缝制而成，没有褶裥。裙身以大红色素缎面料为底，粉色花边作宽缘边，并用于下摆。此裙上接粉色圆点棉布宽腰头，腰头左右各一条长系带，用于系结。两侧裙胁分别纵向拼接五栏，马面及下摆处缘边内侧装饰有白色锯齿状的细绦边和粉色花卉的波浪形缘边。马面和裙胁部分的纹样由粉色、绿色、蓝色等颜色组成。此裙马面处被流苏分隔成了两个部分，上下方均绣有花卉纹样。两侧裙胁处绣有竖向排列且等距的三组单独花卉纹样。同时使用平针绣这种刺绣针法覆盖整体纹样，做工平整、色彩过渡和谐、娇艳欲滴。整个马面裙最具亮点的是分布在裙身靠近下摆三分之一处的编织流苏，使用了白色、淡紫色和玫红色三种颜色，且以串珠做装饰。前后马面处只吊挂了一排流苏，而裙胁处有两排流苏交错，增加了整体装饰的层次感、飘逸感，细节更加丰富。

6.7 红色地牡丹花卉纹素缎阑干马面裙

本件马面裙为红色地牡丹花卉纹素缎阑干马面裙，是由多块梯形面料拼接缝制而成，形成上小下大的结构，没有褶裥。马面裙上接紫色棉布宽腰头，两侧裙胁分别纵向拼接五栏，前后左右共三个裙门。裙门与裙胁处有用白色锯齿状花边装饰成的凤尾，每条凤尾装饰底部有粉白色的编织流苏装饰和吊穗，行走之间，身姿摇曳，富有律动感。马面及下摆处缘边内侧饰有白色锯齿状花边，边缘处镶饰有黑色绲边。裙身以红色素绸为底，黑色素绸作宽缘边，并用于下摆。马面和裙胁部分的纹样由粉色、玫红色、蓝色和绿色等色线绣制组成。马面处的牡丹花卉纹样呈现出不同的形态和姿态，底部还绣有缠枝花纹样。两侧裙胁最中间处绣有一株单独的花卉纹样，整体布局自然和谐。同时结合了平针绣这种刺绣工艺，做工平整精致，色彩过渡和谐，典雅大方。

6.8 紫色地立水牡丹纹花缎凤尾马面裙

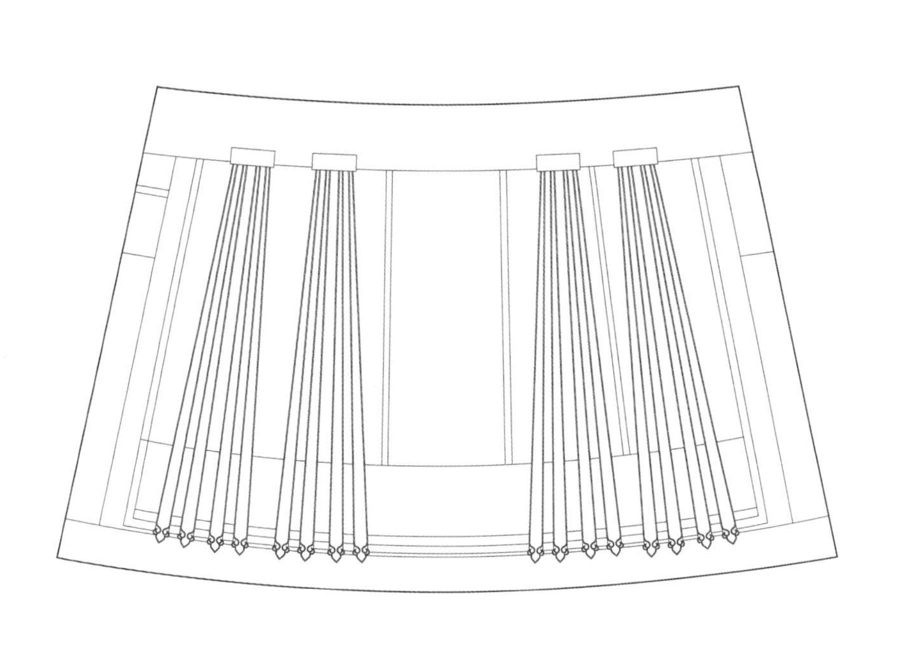

本件马面裙为紫色地立水牡丹纹花缎凤尾马面裙，是由多块面料拼接缝制而成。裙身以暗紫色素缎为底，金色提花绸带作宽缘边，并用于下摆。马面与裙下摆处的纹样由金色、银色、黄色、蓝色、粉色、黑色等丝线绣成。此裙马面处装饰为江崖海水花卉纹样绣片，绣片以红色面料为底，以盘金绣工艺绣有江崖海水纹、花篮纹、牡丹花纹和假山纹样，有万世太平、富贵吉祥的寓意，纹样处理技法高超，纹样平整细致，金线与银线的组合交错光泽闪烁。裙下摆饰有花卉纹样，采用了珠片绣这一刺绣工艺，亮光闪闪，璀璨夺目。马面裙上接蓝色棉布腰头，腰头左右两边各有4条凤尾装饰，凤尾用蓝色素绸镶边，且使用平针绣和盘金绣绣有江崖海水、葡萄、花卉纹样，凤尾尖端造型呈如意形。马面两侧与裙胁处饰有金色亮光贴边，裙身两侧及下摆处饰有金色织带和云纹提花镶边装饰，与裙身相结合彰显高贵与典雅。

6.9 紫色地花卉纹暗花缎常规马面裙

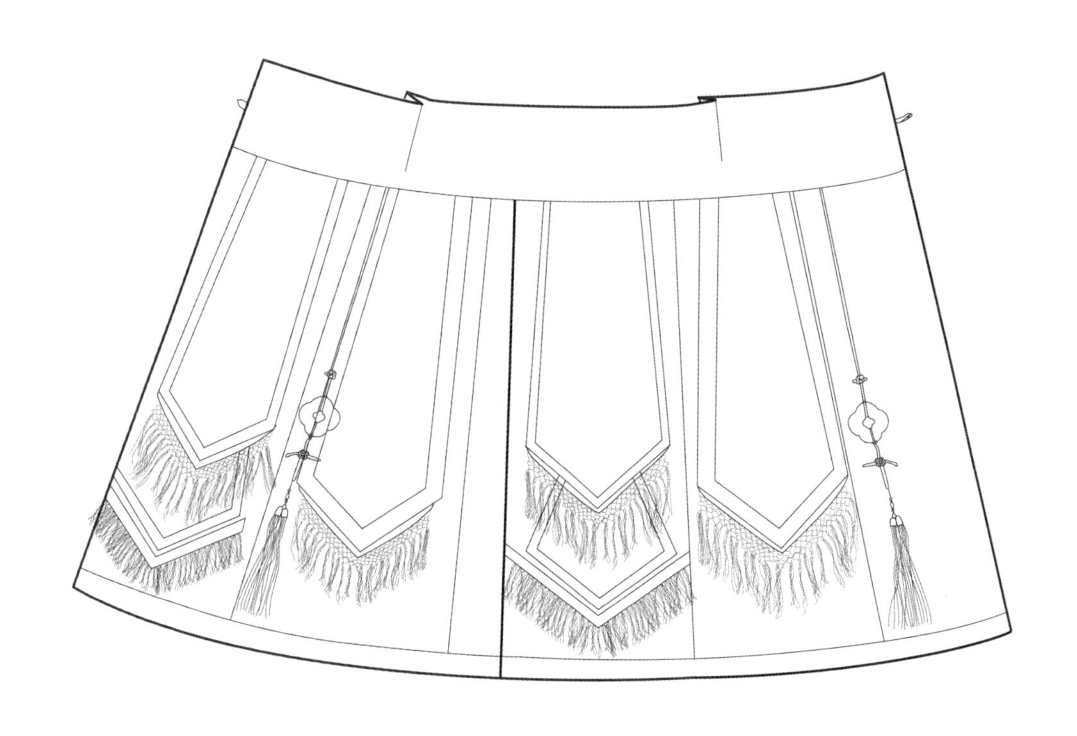

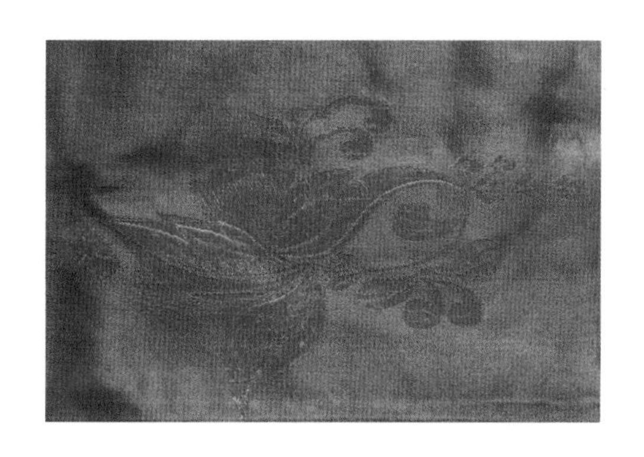

本件马面裙为紫色地花卉纹暗花缎常规马面裙，整件马面裙色彩艳丽、纹样生动、形象栩栩如生，其造型纤细灵动，布局规整。裙身以紫色绸缎面料为底，织有暗花纹样，以花草纹为主，裙上接粉色棉布腰头，腰头上织有竹编式纹样。腰头两端各有一襻以系之。马面部分不是传统的方形纹样，而是由花边与流苏组合成凤尾形镶边，裙胁与裙门相呼应，作单层凤尾结构装饰。裙身绣有彩色花卉枝叶纹样，花卉色彩或是粉白，或是紫灰，刻画细致、层次分明，其中绿色叶片形象虚实结合极具张力，枝条生长旺盛，相互缠绕衔接有序，在中间穿插着各式碎花，画面丰富而不凌乱，令人赏心悦目。裙身材质上选用了绸缎与流苏，流苏具有点面结合、疏密有致的特点，其线聚集于点，点又延伸出线，有松有紧，富于变化。与裙摆形成上下对比，镂空摆动的流苏造型打破了沉闷的视感，飘逸的穗条随性跃动。裙身两侧各垂有一条玉佩带装饰。

6.10 蓝色地凤戏牡丹纹素缎阑干马面裙

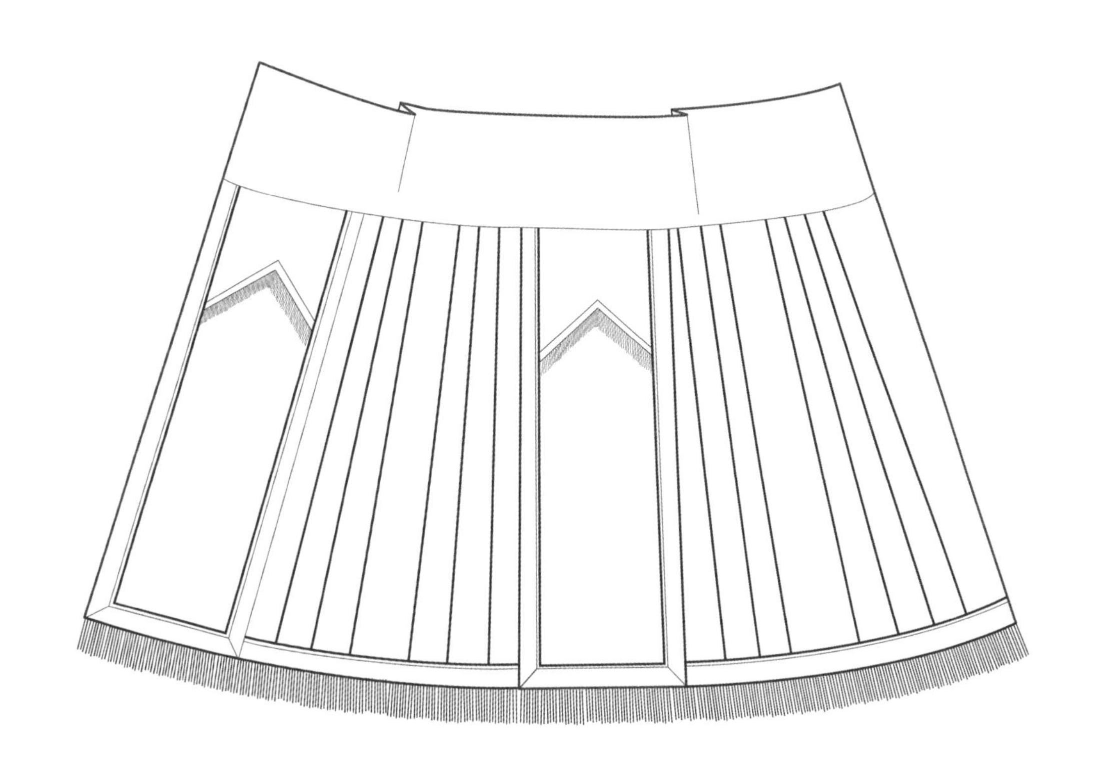

本件马面裙为蓝色地凤戏牡丹纹素缎阑干马面裙，整体配色以蓝色、粉色、玫红色、绿色为主，色彩明亮鲜艳，纹饰绣工精致。裙身以湖蓝素缎面料为底，与粉色棉布腰头拼接，粉白色织花边作缘边，并用于下摆，下摆装饰粉色流苏。两侧裙胁分别由粉色细花边纵向拼接为七栏，中间一栏的间距较宽，左右六栏间距相同，每栏都绣有各色花卉。马面中心绣有一朵牡丹花，上下环绕一对凤凰，象征阴阳相合。它们嬉绕牡丹，其状态和睦欢愉，祥和吉庆。凤凰以绿色、玫红色为主，刺绣针法为平绣。牡丹花瓣使用渐变色线绣成。凤凰神态高贵冷艳，形象生动。凤鸟牡丹，一动一静，相辅相宜。在中国传统纹样中，凤为百鸟之王，牡丹为花中之王，结合在一起组成凤戏牡丹纹样，表达富贵常在、荣华永驻的寓意，常被用作婚嫁与爱情的象征。

6.11

紫色地花鸟纹暗花缎常规马面裙

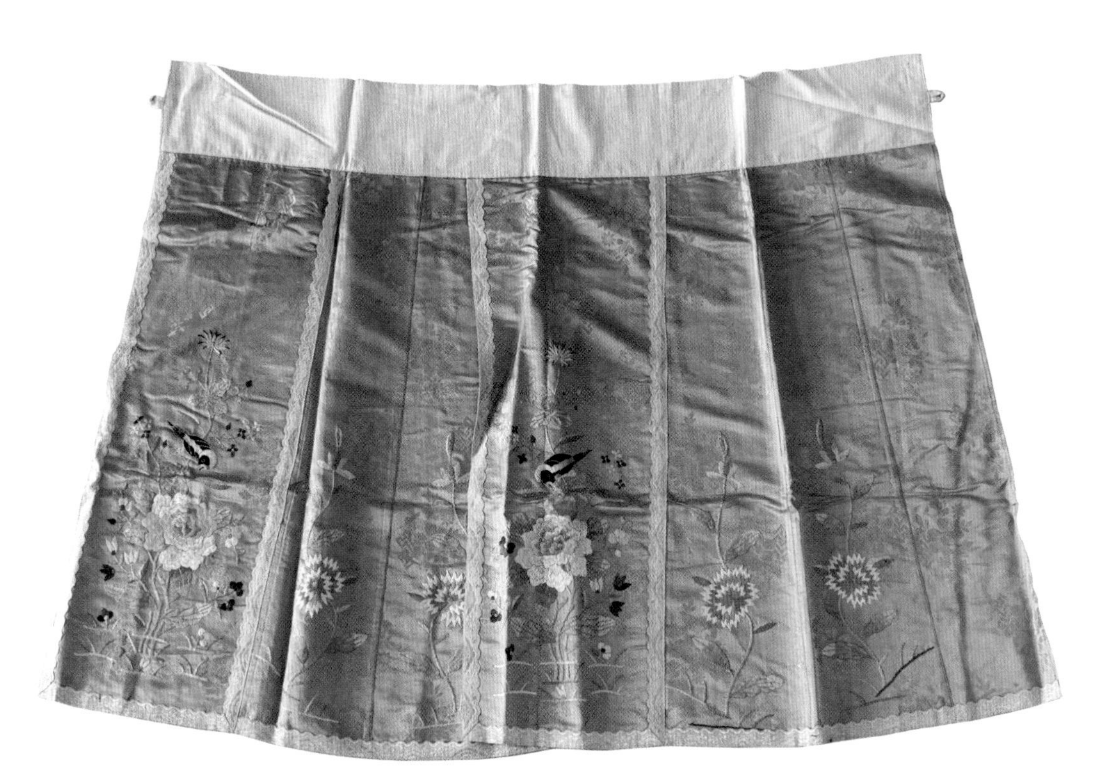

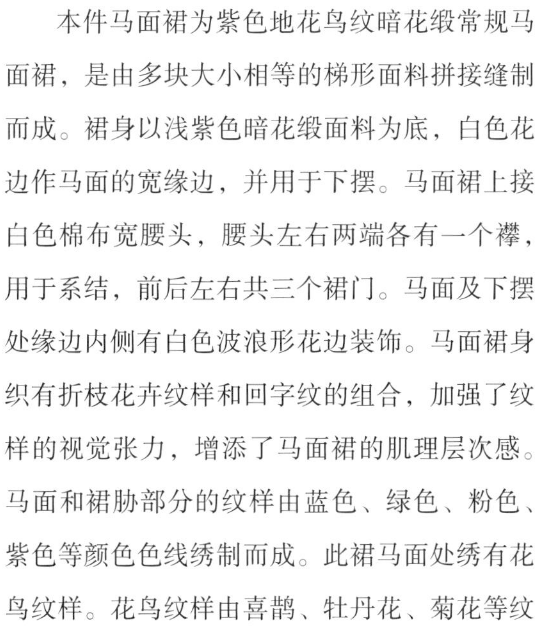

本件马面裙为紫色地花鸟纹暗花缎常规马面裙，是由多块大小相等的梯形面料拼接缝制而成。裙身以浅紫色暗花缎面料为底，白色花边作马面的宽缘边，并用于下摆。马面裙上接白色棉布宽腰头，腰头左右两端各有一个襻，用于系结，前后左右共三个裙门。马面及下摆处缘边内侧有白色波浪形花边装饰。马面裙身织有折枝花卉纹样和回字纹的组合，加强了纹样的视觉张力，增添了马面裙的肌理层次感。马面和裙胁部分的纹样由蓝色、绿色、粉色、紫色等颜色色线绣制而成。此裙马面处绣有花鸟纹样。花鸟纹样由喜鹊、牡丹花、菊花等纹样组成，其中喜鹊象征圣贤，喜事到家，有喜事临门的美好寓意；牡丹是花中之王，寓意吉祥富贵。两者的组合纹样寓意吉祥如意，是花鸟纹样中的重要表现主题。裙胁处竖向排列着单株花卉纹样，与马面处的纹样相互呼应，相得益彰。纹样使用平针绣工艺，绣面平整，纹样处理技法高超，纹样十分传神，栩栩如生。

6.12

青色地花卉纹暗花缎常规马面裙

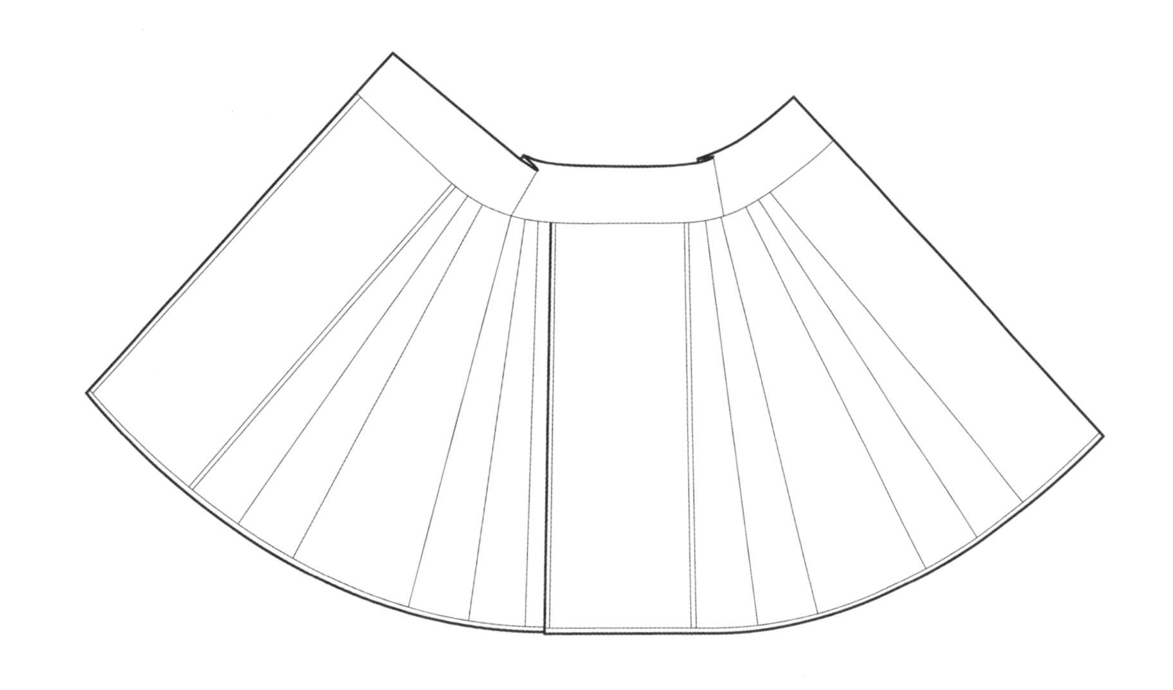

本件马面裙为青色地花卉纹暗花缎常规马面裙，两边由多幅裙片拼接缝制而成。马面裙上接灰蓝色棉布宽腰头，两侧裙胁分别纵向拼接五栏，共三个裙门。马面两侧及下摆处饰有1cm的黑色细缘边。裙身以青灰色花绸面料为底，黑色素绸作宽1cm的缘边，并用于下摆。此裙马面部分装饰为竖向排列的花卉纹样。花卉纹样采用的是贴绣的工艺手法，线条使用黑色素缎面料绲条绣制而成。整体展现出素雅端庄、清新自然、简洁大方的外观形象。马面裙全高92.5cm，腰高20.5cm，展开后下摆宽188.5cm，马面宽22cm，裙身无刺绣装饰，只有面料底纹凸显纹样。底纹主要有暗八仙纹和云纹，暗八仙纹是中国传统装饰纹样之一，是由八仙纹派生出的一种符号化纹样，暗八仙是八位神仙所持的法器，分别是葫芦、团扇、鱼鼓、宝剑、荷花、花篮、横笛和阴阳板，它们与八仙具有同样的吉祥寓意，八种宝物组合在一起即“八仙齐来”，具有吉祥纳福之意。

6.13 黄色地八吉祥纹暗花缎阑干马面裙改制斗篷

本品为黄色地八吉祥纹暗花缎阑干马面裙改制而成的斗篷，原是一件典型的阑干马面裙，衣身结构上加以改动，保留主体，添加部件后改为斗篷，总体风格沉稳端庄。衣身以黄色暗花缎面料为底，黑色素缎作马面与下摆处宽6cm的缘边。结构上将原本的马面部分上端裁剪出交领右衽的衣襟造型，在交领上缝制一条新的护领，领上绣有蝴蝶与花卉，裙身两侧的廓型修剪出适合肩线的流线造型，衣襟开合处加布包纽和扣襻以系合衣身。原马面裙展开后下摆宽140cm，马面高84cm，宽34cm。衣身的黄色暗花缎上的纹样为金鱼、盘长、法轮、宝瓶、宝伞、法螺、白盖、莲花的“八吉祥”纹样。金鱼寓意活泼永生；法轮寓意正义与光明；盘长寓意路路通、万事顺；莲花寓意圣洁；宝瓶寓意圆满；宝伞象征张弛自由；白盖、法螺都有吉祥寓意。底摆与前后衣身马面部分的镶边上以三蓝绣绣有莲花纹样，旁边以盘金绣加之装饰，镶边上饰棕色地白蓝绿莲花绦边。

6.14 蓝色地四季花卉纹花绸续边马面裙

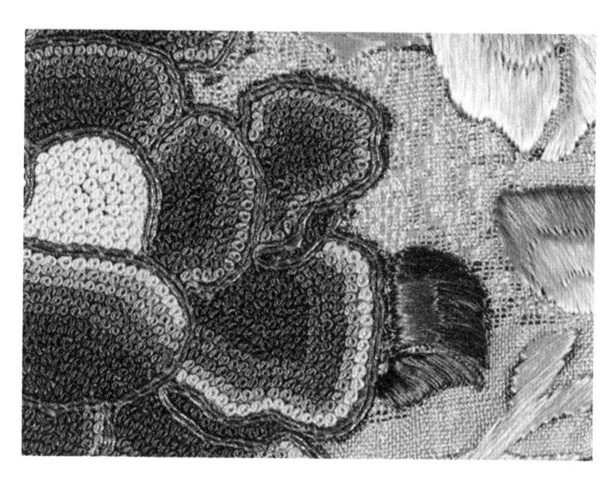

本件马面裙为蓝色地四季花卉纹花绸续边马面裙，保留有传统马面裙形制特征，两侧阑干等距，在原始裙摆处向下续接了同色系绸缎下摆，底摆下素缎面料应为后人实际穿着需要所加。裙身以蓝色暗花绸面料为底，裙门及下摆以黑色素缎面料镶4cm宽的缘边，裙幅上的黑缎绲条将裙胁分割成数块，每块下部竖向排列绣有简单花卉和蝴蝶纹，两侧正中各有一个工字褶。整件裙身上的刺绣丝线层次丰富，三蓝绣采用多种深浅不同，但色调统一的蓝色绣线配色，色彩过渡柔和，格调清新雅致，越显多彩多姿，利用不同的针法、线条，将各类纹样融合在一起，形象生动，突出艺术视觉效果。三蓝绣纹样搭配水蓝色底纹，整体风格简洁雅致。此裙全高94cm，下摆续边宽15.5cm，腰高7cm，展开后下摆宽138cm，马面宽31cm，马面下部为工整的长方形组合刺绣纹样，纹样中间以打籽绣针法绣出一朵牡丹，花纹处针脚排列均匀有序，大小一致，再以盘金绣勾边，使纹样更加坚固耐磨，立体感强。牡丹四周则以平针绣法绣以花瓶、葫芦、鱼鼓、莲花、盘长等暗八宝纹样，承载了人们对美好生活的向往。

6.15 黑色地花卉雀鸟纹素缎绣边马面裙

本件马面裙为黑色地花卉雀鸟纹素缎续边马面裙，保留有传统马面裙形制特征，在原始裙摆处向下续接了同色系绸缎下摆，底摆下素缎面料应为后人实际穿着需要所加，两侧阑干等距。裙子整体简洁典雅、沉稳大气。裙身黑色绸料为地，上方腰头用黑色棉布拼接而成，两侧有牡丹、蝴蝶等刺绣纹样，裙幅上以黑色绸料镶边，黑色素缎作宽4cm的边缘，并用于下摆边缘。马面裙全高88.6cm，腰高6.6cm，展开后下摆宽122cm，马面宽32cm，将裙幅分割成相同的八块，中间各有一个工字褶，每块绣有简单花卉与动物纹样，如梅花、竹子、蝙蝠、荷花等。马面下部为工整的长方形组合刺绣纹样，左下角雀鸟登在梅花枝头，为“喜鹊登梅”纹样，右上角雀鸟登在牡丹花枝头，下方绣有莲花、荷叶，四周围绕了蝙蝠、蝴蝶、如意、花篮，下方的一柄如意有“一并如意”的寓意，蝴蝶飞舞在牡丹上翩翩起舞寓意“蝶报富贵”，牡丹、莲花、菊花、梅花、杂宝则寓意“四季进宝”。裙门及裙摆栏杆则绣有莲花与云纹。所用绣法为平针绣，颜色丰富艳丽。

6.16 红色地龙凤呈祥纹花绸异制马面裙

本件马面裙为红色地龙凤呈祥纹花绸异制马面裙，廓型上贴近筒裙形制，腰头运用弹力松紧绑带工艺进行改造，与常规马面裙一片围裹式风格形成区分。裙身及装饰保存完整，风格大气华丽。此裙以红色素绸面料为底，以金银丝线的盘金绣海水纹样作宽缘边，饰于裙门马面及下摆。运用同类色搭配色彩方案，红色主色调与金色刺绣纹样对比，提亮了整条裙子的艳丽度和光泽度。而红色与金色的搭配也作为传统婚嫁节庆的代表配色，传达吉祥如意的祈福意愿。此裙在裙门两侧打裥，熨烫后缝合，对褶裥进行了固定；裙身中的所有纹样均运用了盘金绣的工艺手法，以金、银线为主，红线和色线为辅，纹样效果璀璨耀眼，富丽华贵。马面裙裙门处的纹样最为繁复，从上到下依次是云龙纹样、凤凰纹样、牡丹纹样，组合起来构成龙凤呈祥、凤戏牡丹的吉祥纹样，寓意一帆风顺、富贵常在、吉祥福瑞。马面裙缘边绣有海水龙纹，有着绵延不断、四海升平、风调雨顺的吉祥寓意。裙子下摆有红色的流苏装饰，跟随人的走动呈现出独特的动态美感，代表着生生不息的生命力，在古代流苏是美好爱情、财富、地位的象征，与裙身结合在一起尽显尊贵之态。

6.17 玉色地黑缘牡丹纹花绸异制马面裙

本件马面裙为玉色地黑缘牡丹纹花绸异制马面裙，是一件非常规形制裙子，裙身及装饰保存完整，整体呈现出素雅稳重的风格特点。马面裙以玉色暗花绸面料为底，黑色素绸作宽缘镶绲于马面与裙片周边。黑色缘边部分内外加饰淡绿色波浪状细织带镶拼装饰，丰富了缘边细节。马面处中部的缘边设置了上下对称的如意云头造型装饰，用如意元素寓意吉祥富贵、事事如意。此裙运用了高对比配色设置，裙身以高明度的玉白色为主色系，黑色为辅，并运用浅绿色作为点缀色，为整体增添了层次感和美感。此裙形制独特，最大的特点是将裙片的中间部分裁去留出空白，穿着时两片裙片相叠合，共同构成以外马面为中心，左右对称的视觉效果。马面玉色暗花绸裙裙身绣有三组黑色牡丹单独纹样，外马面居中排布独枝牡丹，侧片保留一枝，另一裙片面积更大因此纹样体量更大，其色彩与旁边的缘边相呼应，运用平绣的工艺手法绣出枝繁叶茂的牡丹，花瓣层叠，造型饱满，强调了富贵吉祥的美好寓意。

锦绣罗裙——传世马面裙鉴赏图录

第7章

马面裙的制作工艺解析——以清末大红色蓝边缎面蝶恋花阑干马面裙为例

7.1 马面裙的形制特征

江南大学民间服饰传习馆馆藏的清末大红色蓝边缎面蝶恋花阑干马面裙，制作精美，保存完整，其款式在近代阑干马面裙中具有代表性，实物如图7-1所示。裙身采用大红色真丝缎料制成，前后两片由腰头相连，不打褶，于两裙胁处自然形成大褶，两胁各镶四道深蓝色阑干。马面、裙门及下摆镶同色缎边和蓝紫色织锦花边。其中马面的中心和阑干内的部分装饰五彩蝶恋花纹样，深蓝色缎面部分装饰盘金绣蝶恋花及佛手纹样。腰头以粉红色棉布制成，并在两侧装有腰襻。裙子反面用粉色轻薄的真丝绸作为衬布，以贴合裙面，起到定型加固的作用。整件马面裙色彩喜庆鲜艳，透露着富贵端庄之气，蝶恋花纹样寓意爱情美满，佛手纹样寓意福寿绵长。根据《中国女子服饰的演变》所载："（裙的）颜色普通作黑色，遇到节日妻子穿大红色，妾穿粉红色。寡妇禁用大红色，但经过相当年份后，如果公婆在世的话，可以穿淡紫色或浅蓝色。"该裙应是正妻在节日时所穿，寄托了穿着者对生活的美好期盼。图7-2所示为该裙的平面形制尺寸图。

图 7-1　清末大红色蓝边缎面蝶恋花阑干马面裙实物图

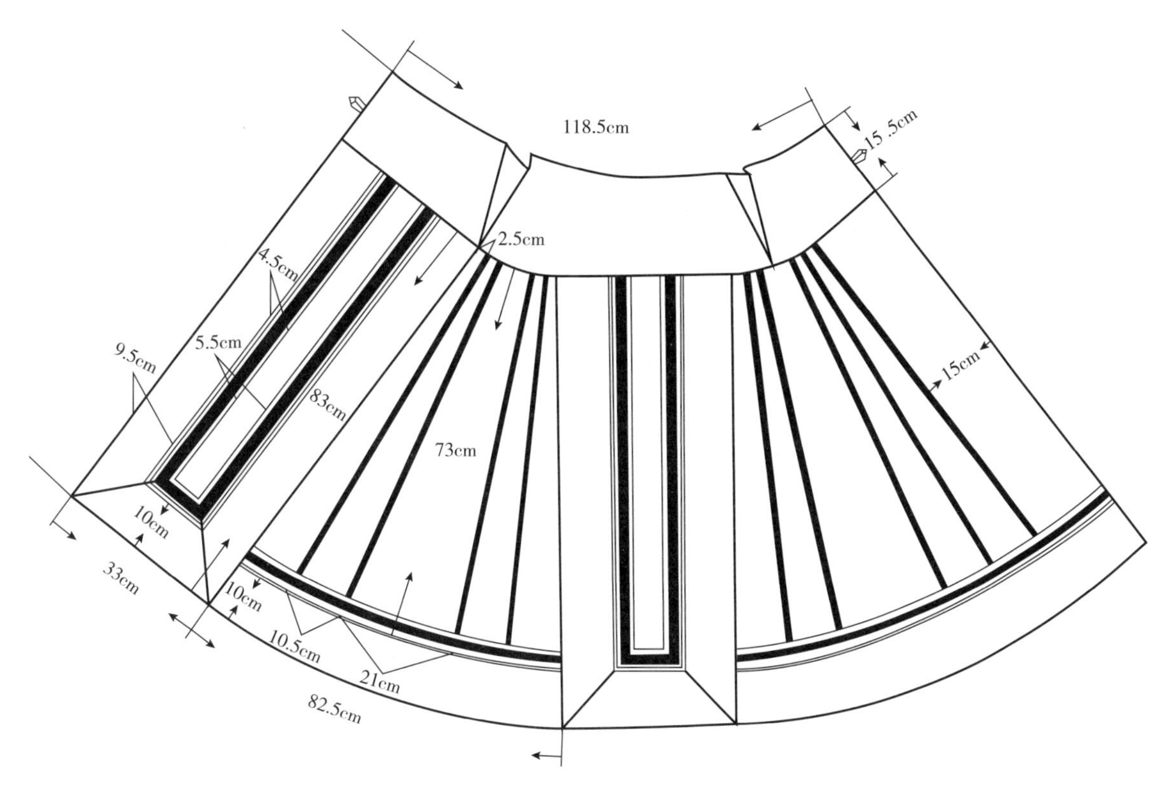

图 7-2　清末大红色蓝边缎面蝶恋花阑干马面裙形制尺寸图

7.2　马面裙的制作工艺

本件阑干马面裙的制作工艺流程主要包括材料准备、制板、裁剪、缝制、整烫等步骤，以边裁边缝的方法完成。主要的面料有：用于制作阑干马面裙裙面的大红色丝质面料、腰头的平纹棉质地面料、背面的真丝绸衬布。传统丝质面料门幅较窄，因此裙子的拼口接缝较多。从马面裙的结构分布图（图7-3）可知，裙面主要分为马面、裙胁、内裙门和腰头等几个部分。裁剪部分则主要分为裙面、裙里和腰头三大部分，图7-4所示为阑干马面裙的制作工艺流程。

7.2.1　马面的裁剪与制作

首先裁剪马面的面料，取长73cm，宽14cm已经刺绣好的长方形红色缎面，四边各留1cm缝份；后取已经刺绣好的马面贴边，贴边长83cm，宽9.5cm，将裁好的布条上下对折，斜取14cm后对折裁剪，如图7-5所示。用1cm宽的织锦花边缝于马面与贴边的边缘处，即为镶嵌边。镶嵌边缝合前需进行上浆、刮浆、阴晾等工序，从而增加嵌条的稳定性和拉伸度。将准备好的嵌条与马面面料正面相对，以0.3cm缝份平缝；其后嵌条翻转熨烫平整，再将贴边与剩余嵌条的面料缝合（图7-6）。

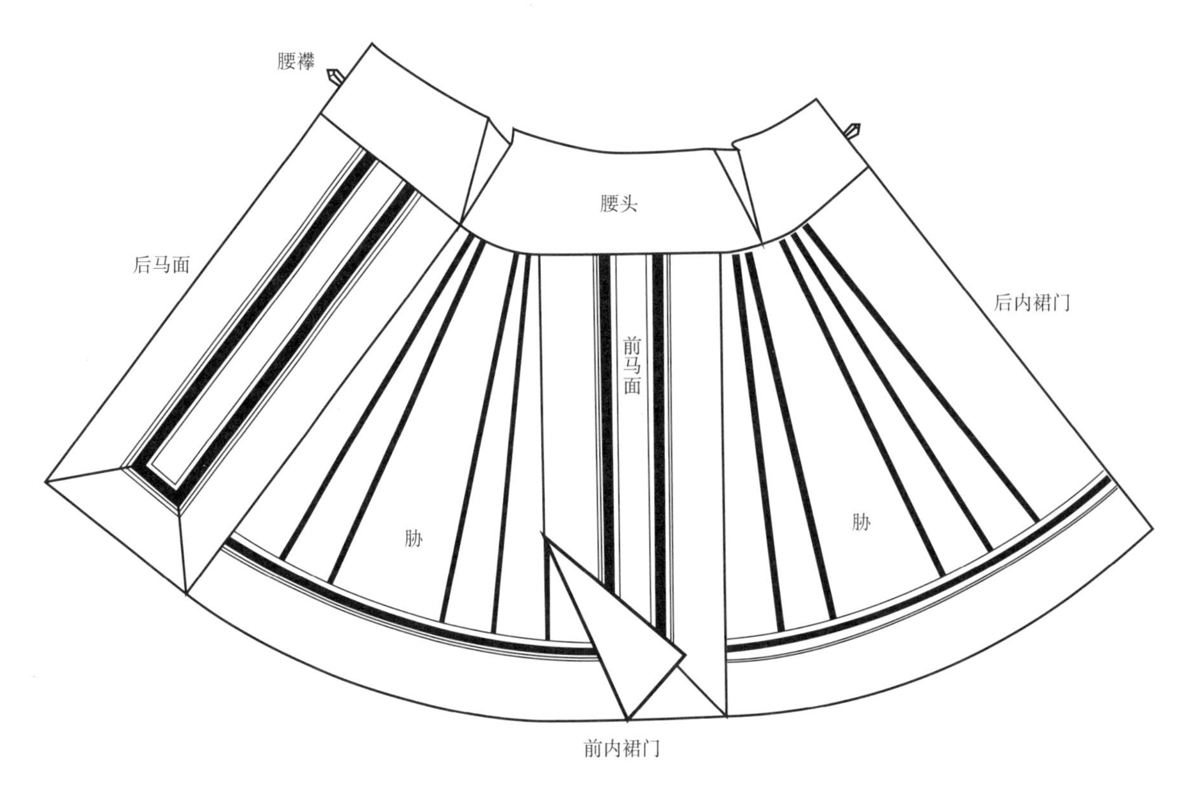

图 7-3 大红色蓝边缎面蝶恋花阑干马面裙结构分布

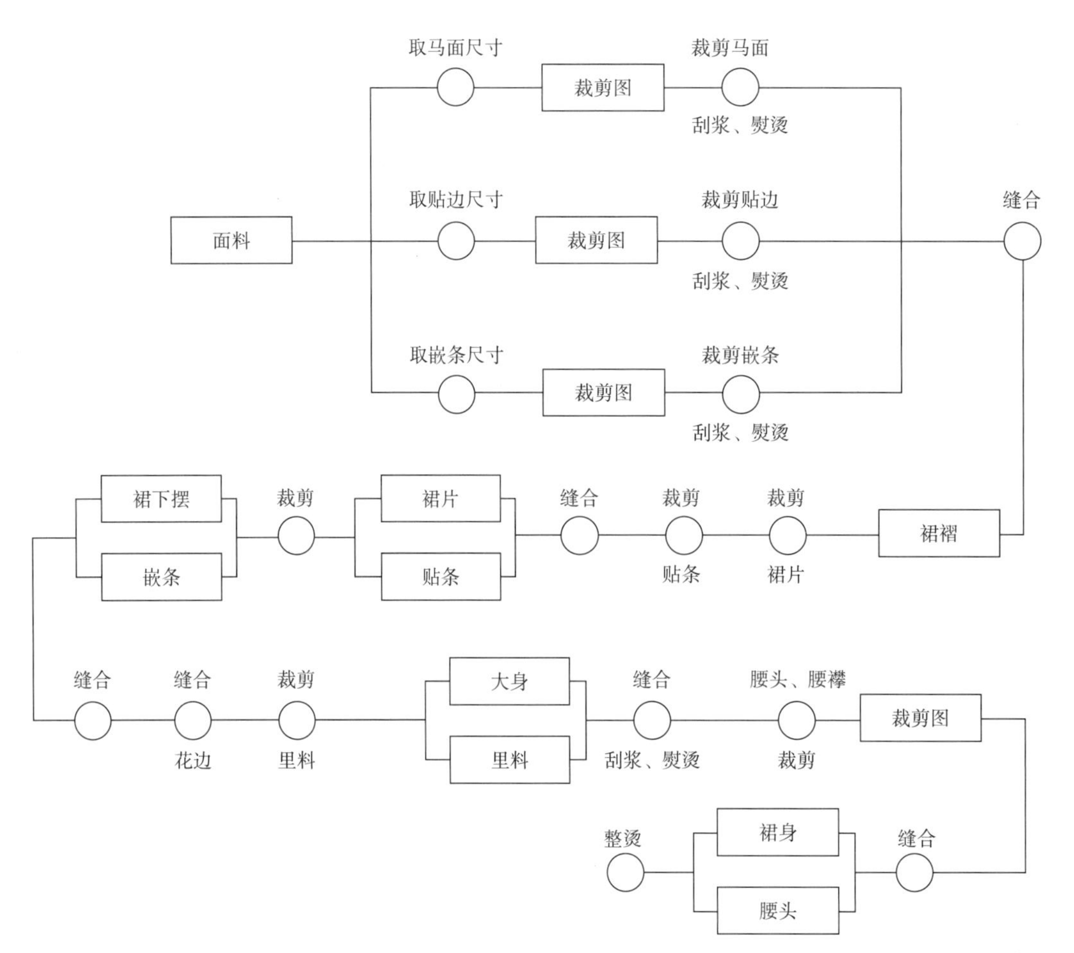

图 7-4 阑干马面裙的制作流程图

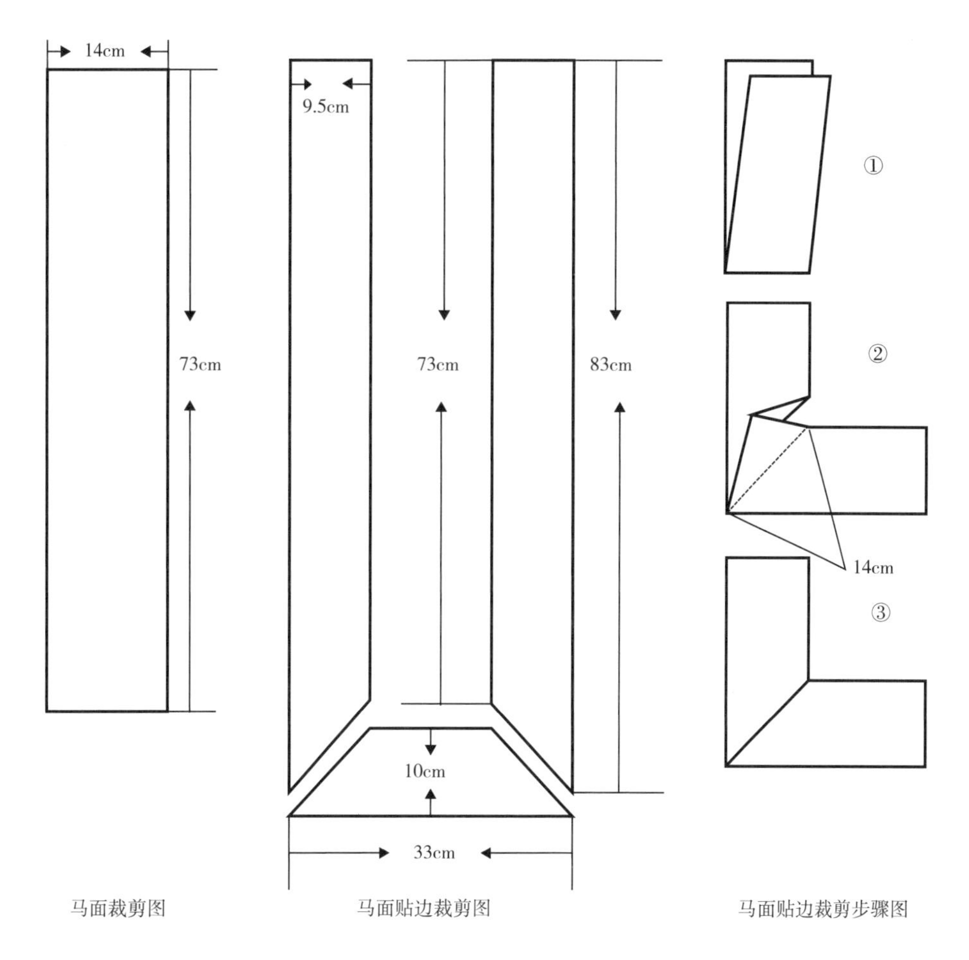

图 7-5　马面裁剪结构图

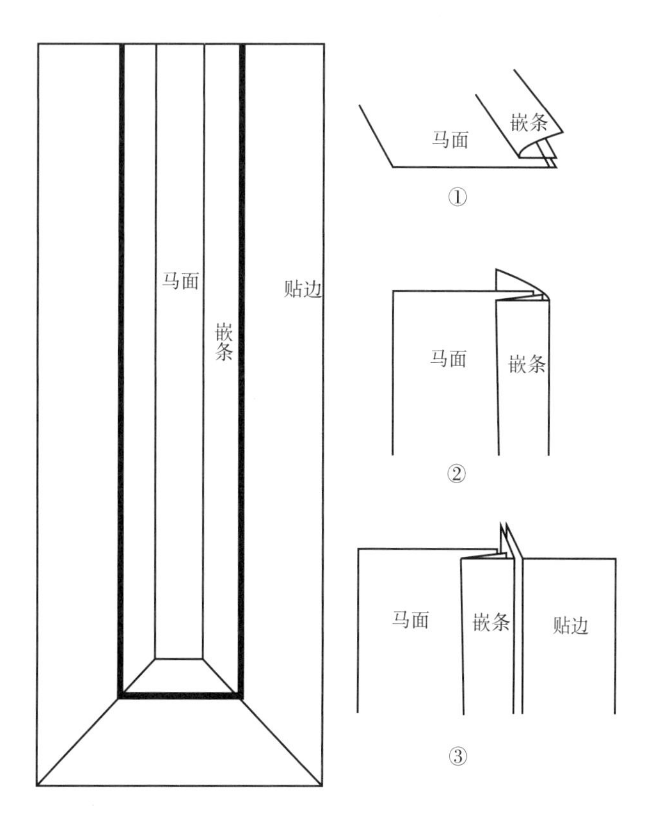

图 7-6　嵌条缝制工艺图

7.2.2 裙胁的裁剪与制作

此件阑干马面裙的裙胁以拼缝为主。首先取上宽2.5cm，下宽10.5cm，长73cm的红色绸缎面料6片，上下连接形成上窄下宽的裙片。其次以斜向45°方向裁剪5条长73cm，宽1.3cm的绲条，留1cm缝份。取两片裙片，于正面拼合处放置绲条，反面缝份处平缝固定，将裙片两两缝合，且绲条正面无明线（图7-7、图7-8）。并以此做法完成其余裙片的缝合。

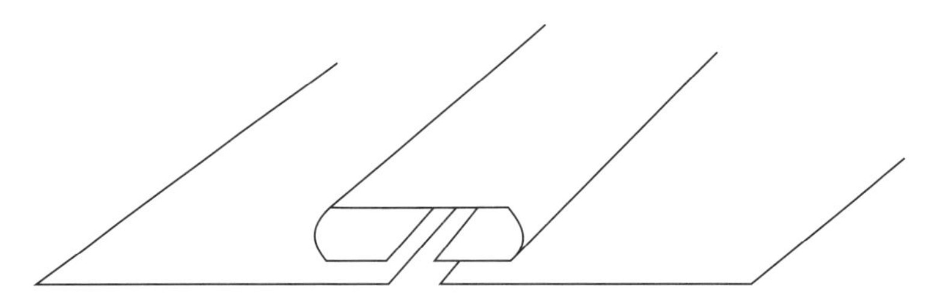

图 7-7 裙片绲条缝合示意图

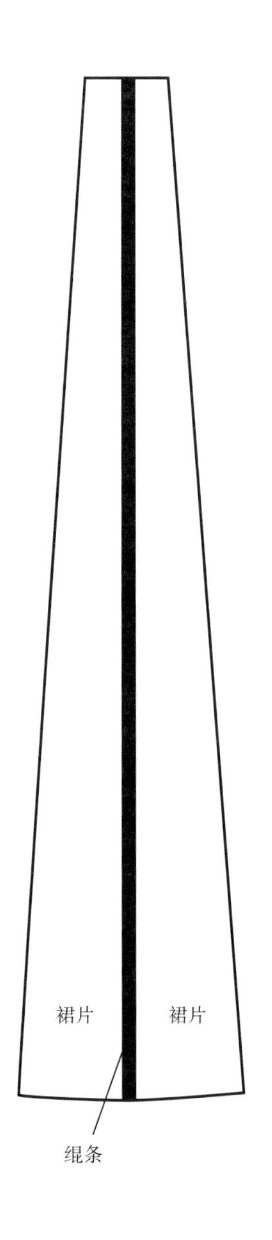

图 7-8 裙片缝合图

随后，拼接前内裙门和下摆。取长73cm，宽15cm的长方形红色缎面，留1cm缝份，作为内裙门；取长82.5cm，宽10cm绣好装饰纹样的长方形蓝色缎面，留1cm缝份，作为下摆。同裙片的做法不同，用宽11cm的布条将裙身和前内裙门缝合而不是贴边，再与下摆裁片缝合，同样缝合处镶有嵌条，制作工艺同上（图7–9）。

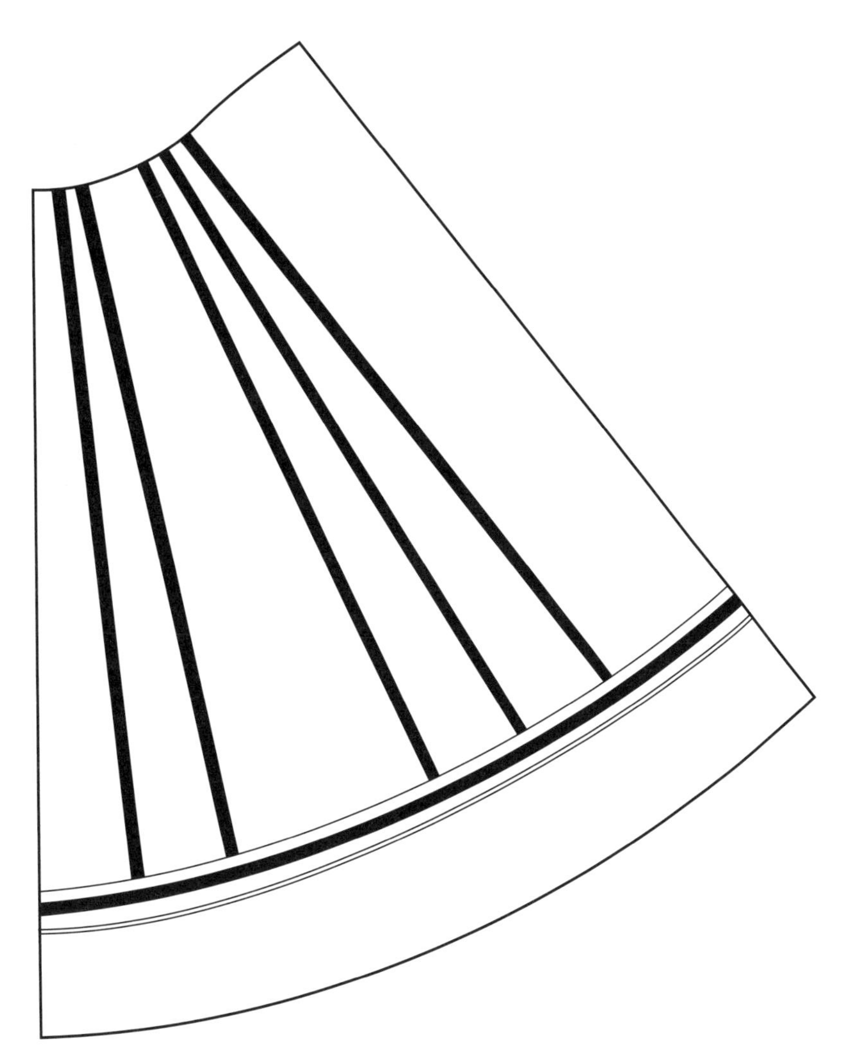

图 7–9　拼接前内裙门和下摆的示意效果图

最后，拼接裙面及里料。同样用宽1cm的嵌条，将缝制好的马面与已完成好的裙身缝合，缝合后根据裙身尺寸裁剪里料，尺寸比裙面大1～1.5cm，里料尺寸不宜过大，否则容易松落；也不宜过小，会将裙面内翻。需要注意的是，本条裙子的里料拼接缝份很多，应该以同色系碎布拼合而成。

7.2.3　绱腰头工艺

绱腰头是整个裙子的最后一个缝制工艺。将裙身腰部布料的边缘丝缕等修剪圆顺后，裁剪长120.5cm，宽33cm的白色棉质平纹布。为增加腰头的硬挺度和结实性，需要在缝制前将布料进行上浆、刮浆、阴晾等工艺处理。处理后的腰头布，类似于现代服装工艺中加了黏合衬一样，更加方便后续的缝制加工。先将腰头布四边向内扣折1cm，再进行前后对折，然后将裙身放置在腰头对折夹层内，裙身上端超出腰头下端约1cm即可，以0.3cm的缝份平缝固定腰头和裙身。最后，腰襻的制作。裁剪长9cm，宽3cm的长方形面料，其腰襻不进行缝合，只将布料上下对折，熨烫平整以折合的形式固定，缝制在腰头两端，围系时起固定成裙的作用。

7.3 马面裙的工艺技巧与造物思想

中国传统手工艺以实用性为基础，此件阑干马面裙也不例外，从其整体设计、用料选择、裁剪缝合等，都以保证实用性为前提。其目的不仅是为了御寒保暖，还有满足对节约、舒适和审美等更进一步的要求。

7.3.1 多裁片结构与着装舒适性

此件阑干马面裙，两裙胁处是由多片裙片缝合而成，与以往的整幅面料缝合的裙子是不一样的。裙胁处是由6个类似梯形的裁片同向依次排列，整体呈上窄下宽的扇形，这种造型与现代的裙装制板有相似的地方，裙片缝合后腰部自然构成一定的弧度，腰部臀部自然合体，裙下摆略为张开，呈A字型，为下半身活动适当留出更多的空间。这种别出心裁的结构设计，代表着中国传统女工制衣的独特智慧，即通过裙片多片的裁剪与拼合，形成类似于现代西方制衣中收省的作用，表面上轻视和弱化结构设计，实际上在制作过程中巧妙地考虑和利用了结构的舒适合理性，体现出中国传统女性精湛的制衣工艺。

7.3.2 拼缀工艺与节约意识性

古时面料幅宽较窄，为了最大限度地利用面料，往往会采用拼接的方式。此件阑干马面裙腰头和裙身即采用两种不同的面料缝合而成，腰头缠绕、遮蔽于上衣之内，故不会影响美观，用棉质的面料既可节约成本又起到耐磨牢固的作用。这种制衣思想，表面上是一种“重面轻里”的取巧行为，实际上是一种敬物尚俭的节约意识的深刻反映。“缀”顾名思义是指补缀、饰缀，不仅起到装饰美化的功能，还具有一定的牢固作用。此件阑干马面裙多次运用了嵌条的工艺手法，在裙门、下摆等缝合处都镶嵌约0.1cm宽的绿色嵌条。这种工艺手法不仅有利于裙片缝合处的美观，而且充分利用了面料的二次巩固性，使下摆的嵌条在人体运动中更加耐磨和牢固。这也体现出古时女子的朴素品质和节俭意识。此外，还有不同面料、裙下摆处的贴边及裙里里料的拼接等，从此件阑干马面裙实物标本来看，这种结构和工艺的节约意识性无处不在。

7.3.3 阑干的形制与视觉审美性

从制作工艺可以看出，阑干边其实就是两个似梯形裙裁片边缘正面并拢，再用深色阑干边遮盖缝合，且正面不留明线。因此，阑干边不只有连结裙片的作用，还有“遮盖缝份”的功能。根据《朱舜水谈绮》中对大明制裳法的记载，明代马面裙以整幅面料缝合，不经裁剪，因而不存在面料裁剪边缘脱丝等问题。发展至清代，随着人们生产力水平的提高，缎、绸、纱等高档真丝面料逐渐被应用到民间百姓的制衣中并深受喜爱，而缎、绸等丝质面料裁剪后边缘处极易松散、脱丝，若直接进行缝合，因摩擦会加重缝份处的磨损。为防止面料脱丝，将缝头留在正面，人们发明了阑干式马面裙，利用阑干的结构来固定面料，保证马面裙的完整性，延续马面裙的功能性和美观性。与此同时，阑干裙以马面为纵向的中轴线，左右的阑干形成了轴对称艺术形态，视觉风格庄重而严谨。这种因阑干边形成的纵向线条装饰，在视觉上拉长了马面裙的整体比例，是一种由功能转向审美的体现。阑干边带来了线的形式感，视觉上丰富了马面裙的层次和精致感，完成了马面裙结构的纵向拼接、质地和色彩的节奏变化，在满足实用功能的同时，也起到了装饰的效用，深刻践行了传统中国民间美用一体的造物思想。

7.4 小结

阑干马面裙是清代民间女性裙式的典型形制之一。本章以近代江淮地区大红色蓝边缎面蝶恋花阑干马面裙为参照对象，从形制、结构、工艺等方面对阑干马面裙的制作过程进行了归纳和复原，并以此为基础对其工艺中隐含的实用价值和造物思想深入探究。此件阑干马面裙有多片裁剪、拼接补缀、阑干缝合等灵活多变的工艺技巧，造就了其舒适性与美观性共生的造物哲学，继承了中国传统敬物尚俭的造物品格，值得现代服装设计从业人员思考与借鉴。因此，对于传统阑干马面裙的工艺及造物研究有着重要的传承和创新的文化意义。